W0262007

Willy H. Bölling

Bodenmechanik der Stützbauwerke, Straßen und Flugpisten

Anwendungsbeispiele und Aufgaben

Springer-Verlag
Wien GmbH 1972

Professor Dipl.-Ing. Willy H. Bölling
Universidad de Oriente
Escuela de Geologia y Minas
Ciudad Bolivar, Venezuela

Ursprünglich erschienen bei Springer-Verlag/Wien
Library of Congress Catalog Card Number 78-187489

Mit 91 Abbildungen

ISBN 978-3-211-81057-6   ISBN 978-3-7091-4159-5 (eBook)
DOI 10.1007/978-3-7091-4159-5

Vorwort

Wie die Erfahrung immer wieder zeigt, fällt es dem jungen Ingenieur am Anfang seiner beruflichen Laufbahn schwer, das erworbene Schulwissen zur Lösung von praktischen, technischen Aufgaben anzuwenden. Auch der erfahrene Ingenieur steht in der Praxis oft vor dem Problem, Fragen beantworten zu müssen, die nicht in den Rahmen seiner täglichen Routinearbeit fallen.

Es gehört zur selbstverständlichen Berufspraxis, daß der Ingenieur in solchen Fällen zunächst einmal prüft, wie das Problem an anderer Stelle gelöst worden ist, um sich dann an die Lösung seines Problems zu begeben, indem er den Rechengang dem des Beispiels anpaßt und die Ergebnisse mit denen des Beispiels vergleicht. Eine reichhaltige Auswahl von Anwendungsbeispielen stellt daher für den Ingenieur eine wertvolle Unterstützung dar.

Der Verfasser hat in dem vorliegenden Werk eine große Anzahl typischer Aufgaben und Anwendungen aus allen Gebieten des Grundbaues und der Bodenmechanik ausgesucht und in allen Einzelheiten durchgerechnet. Zu jedem Anwendungsbeispiel wird ein kurzer Überblick über die Kenntnisse und Grundlagen gegeben, die zur Lösung der Aufgabe erforderlich sind. Die Ergebnisse der Berechnungen werden diskutiert, um auf Besonderheiten und wertvolle Deutungen hinzuweisen.

Das Werk gliedert sich in fünf selbständige, voneinander unabhängige Darstellungen, in denen folgende Themen behandelt werden: Bodenkennziffern und Klassifizierung von Böden; Zusammendrückung und Scherfestigkeit von Böden; Sickerströmungen und Spannungen in Böden; Setzungen, Standsicherheiten und Tragfähigkeiten von Grundbauwerken; Bodenmechanik der Stützbauwerke, Straßen und Flugpisten.

Es soll keine Erweiterung der großen Liste aller schon veröffentlichten grundlegenden Bücher über Bodenmechanik und Grundbau sein. Es beschränkt sich in voller Absicht auf die Anwendung der Theorien, auf die praktischen Bedürfnisse, und enthält infolgedessen eine Auswahl von Tafeln und Tabellen, die so vollständig wie nur möglich sein soll, um dem Ingenieur die Arbeit zu erleichtern.

Die zur Lösung einer Aufgabe verwendeten Methoden und Formeln wurden aus dem umfangreichen internationalen Schrifttum sorgfältig ausgewählt. Damit soll dem Ingenieur die Möglichkeit gegeben werden, auch ausländische Lösungsverfahren zu verstehen und anzuwenden, auf die er bei der ständig wachsenden Auslandsarbeit mit Sicherheit stoßen muß.

Dieses Werk wird jedoch nicht nur ein Ratgeber für die Praxis sein, sondern wird auch dem Studierenden eine Stütze und Hilfe bedeuten, indem es ihm in anschaulicher Weise erklärt, wie die theoretischen Kenntnisse im praktischen Berufsleben angewendet werden. In vielen Fällen wird ein lebendiges Beispiel mehr zum Verständnis eines Problems beitragen als umfangreiche theoretische Überlegungen. Das praktische Beispiel soll die nüchternen wissenschaftlichen Notwendigkeiten beleben, aber gleichzeitig auch zeigen, wie unerläßlich das eine zum Verständnis des anderen ist.

Es gibt praktisch keine Bauaufgabe, die nicht von bodenmechanischen und grundbaulichen Gegebenheiten beeinflußt wird. In allen jenen Fällen, in denen im Boden oder mit dem Boden gebaut wird, scheint es uns selbstverständlich, daß wir uns mit seinen mechanischen Eigenschaften beschäftigen. Wenn der Boden nur die passive Rolle eines Mediums für die Gründung anderer Ingenieurbauten darstellt, ist die Untersuchung seiner mechanischen Eigenschaften nicht weniger von Bedeutung. Jedem Ingenieur ist heute klar, daß eine falsche Beurteilung der mechanischen Eigenschaften des Untergrundes eine ernsthafte Gefahr für die Standsicherheit des darauf errichteten Bauwerks bedeutet.

Ich wünsche mir, daß der Leser eine Fülle von Anregungen für die richtige, schnelle und wirtschaftliche Lösung seiner Aufgaben finden möge. Der Aspekt der Wirtschaftlichkeit ist daher in allen Fällen besonders beachtet worden. Die beste theoretische Lösung hat keinen Sinn, wenn ein anderer den Auftrag zur Ausführung einer Bauaufgabe erhält, obwohl sein Vorschlag weniger wissenschaftlich, dafür aber um so praktischer und billiger ausgefallen ist. Möge dieses Werk den Zweck erfüllen, zu dem es geschrieben wurde, dem Leser jene Sicherheit zu geben, die er benötigt, eine Aufgabe technisch und wirtschaftlich einwandfrei zu lösen, sie in fachlichen Diskussionen wirksam vorzutragen und zu verteidigen und schließlich erfolgreich in die Tat umzusetzen.

Viele Probleme der Bodenmechanik und des Grundbaues lassen sich schnell und sicher mit Hilfe elektronischer Datenverarbeitung lösen. Die Vielfalt der verschiedenen Programme läßt jedoch keine detaillierte Darstellung der Programmierungsarbeit im Rahmen dieses Buches zu. Zahlreiche Aufgaben sind aber so gehalten, daß ein geübter Programmierer die verwendeten Formeln und Rechenschemata unmittelbar in die gewünschte Computersprache umsetzen kann.

Noch wenig erschlossen ist die elektronische Datenspeicherung für Aufgaben der Bodenmechanik und des Grundbaues. Hier bietet sich für die Zukunft ein ausgedehntes Arbeitsfeld, insbesondere für Standsicherheitsprobleme, Setzungsberechnungen, Fundamentbemessungen und Straßengründungen, dar, dessen Grundzüge angedeutet werden.

Bodenmechanik und Grundbau haben sich in der Vergangenheit überwiegend mit dem Baugrund als Dreiphasensystem — Mineral, Flüssigkeit,

Gas — beschäftigt. Mit fortschreitender Erschließung des Meeres und des Seebodens häufen sich die Aufgaben, in denen der Baugrund als Zweiphasensystem — Mineral, Wasser — untersucht und behandelt werden muß. Neue Problemstellungen werden dadurch aufgeworfen, deren wissenschaftliche Behandlung im Ansatz aufgenommen wurde.

Die Entwicklung der Raumfahrt, die Landung und die Konstruktion von Bauten für Menschen und Geräte auf fremden Planeten wird von uns sehr bald in verstärktem Maße eine Lösung der damit verbundenen bodenmechanischen und grundbautechnischen Probleme verlangen. Eines Tages wird sich die Bodenmechanik mit Aufgaben im Bereich einphasiger Systeme, also mit Böden befassen, die kein Gas und keine Flüssigkeit mehr enthalten und außerdem anderen Schweregesetzen unterliegen.

Die stürmische Entwicklung, die Bodenmechanik und Grundbau seit 1930 erlebt haben, wird also nicht nachlassen, sondern eher noch zunehmen. Gute Grundlagen und eine umfassende Schulung sind eine unerläßliche Voraussetzung für ihre Bewältigung. Möge dieses Werk seinen Beitrag dazu leisten.

Von der Idee zu einem technisch-wissenschaftlichen Buch bis zu seiner Veröffentlichung ist es ein langer, mühevoller Weg. Der Autor kann ihn nur dann erfolgreich gehen, wenn er sich auf die verlegerische Erfahrung und den unternehmerischen Mut seines Verlages verlassen kann. Dem Springer-Verlag in Wien sei herzlich gedankt, daß er in dieser Hinsicht stets ein beispielhafter Partner gewesen ist.

Dank sei auch allen jenen Ingenieuren und Wissenschaftlern gesagt, deren Arbeiten verwertet wurden. Es sind Hunderte. Ihre Namen sind jeweils im Text an der Stelle erwähnt, an der ich ihre Arbeit oder Auszüge daraus verwendet oder erläutert habe.

Ich danke meiner Frau, meinen Mitarbeitern und Kollegen an den europäischen und amerikanischen Universitäten für die Hilfe, die sie mir gewährt haben, und für die Kritik, die dazu beigetragen hat, den wissenschaftlichen und praxisorientierten Wert dieses Werkes zu erhöhen.

C i u d a d   B o l i v a r, im Sommer 1971 **Willy H. Bölling**

Inhaltsverzeichnis

1. Berechnung von Stützwänden

1.1 Aufgaben

Aufgabe 1 Ruhedruck auf eine unbewegliche Wand

Die Abb. 1.1 zeigt den Querschnitt durch das Kellergeschoß eines Gebäudes. Der Baugrund besteht aus mitteldichtem Sand mit einem Reibungswinkel von $\varrho = 26^\circ$. Das Raumgewicht des Sandes beträgt im natürlichen Zustand $\gamma = 1,82$ t/m³. Der Grundwasserspiegel befindet sich unterhalb der Kellersohle.

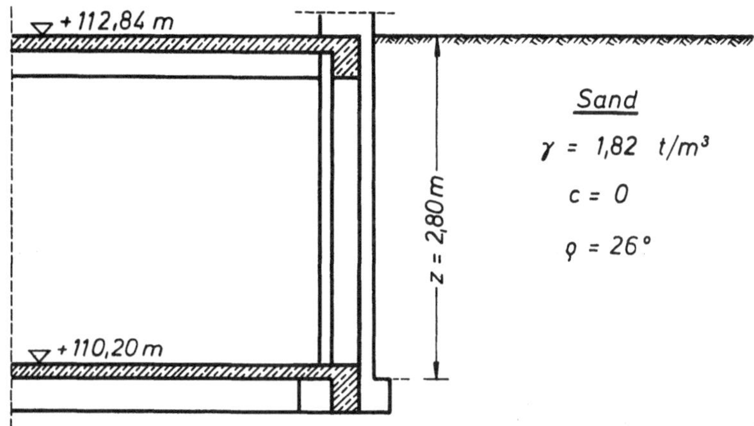

Abb. 1.1 Querschnitt durch das Kellergeschoß eines Gebäudes.

Zeichne die Erddruckverteilung auf die Kellerwand unter der Annahme, daß sie absolut unbeweglich ist.

Wie groß ist die resultierende Druckkraft je 1 m Wandlänge, und wo greift sie an?

Grundlagen

Wenn auf ein Bodenelement eine vertikale Last wirkt und der Boden sich unter dieser Last nur in vertikaler Richtung verformen kann, so werden die entstehenden Spannungen des Bodens Ruhedruckspannungen genannt (Abb. 1.2). Die horizontalen Spannungen σ_3 im Ruhedruckzustand lassen sich nicht durch Gleichgewichtsbetrachtungen bestimmen, sondern können nur auf dem Wege über Modellversuche ermittelt werden.

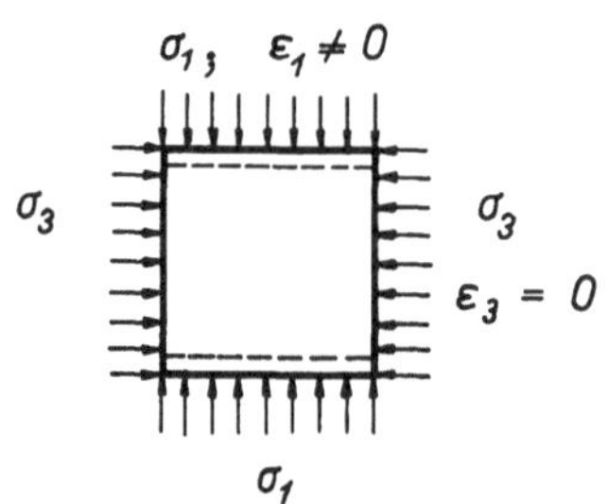

Abb. 1.2 Bodenelement unter vertikaler Belastung bei behinderter Seitendehnung.

Versuche haben ergeben, daß die horizontale Spannung σ_3' der vertikalen Spannung σ_1' in konsolidierten Böden immer direkt proportional ist. Es ist:

$$\sigma_3' = \lambda_0 \cdot \sigma_1' \ (kg/cm^2) \quad (1.1)$$

λ_0 wird der Ruhedruckbeiwert genannt. Er ist von den bodenphysikalischen Eigenschaften abhängig. Die zahlenmäßige Größe des Ruhedruckbeiwertes läßt sich durch einen Sonderversuch des D-Versuches schnell bestimmen (BÖLLING: Zusammendrückung und Scherfestigkeit von Böden, Aufgabe 28). Während dieses Sonderversuches muß der seitliche Druck σ_3 fortlaufend so reguliert werden, daß keine Änderung des Probenvolumens stattfindet. Das Probenvolumen kann durch einen Meßstreifen um die Mitte der Bodenprobe kontrolliert werden. Der Meßstreifen darf während des Versuches keine Formänderung anzeigen.

JAKY (1944) hat für den Ruhedruckbeiwert folgenden theoretischen Zusammenhang angegeben:

$$\lambda_0 = 1 - \sin\varphi \quad\quad (1.2)$$

BERNATZIK (1947) erhält aus den von ihm durchgeführten Untersuchungen eines mittleren Sandes eine Abhängigkeit des Ruhedruckbeiwertes von der Porenziffer ε, die in Abb. 1.40 wiedergegeben ist.

TSCHEBOTARIOFF (1962) hat nachgewiesen, daß der Ruhedruckbeiwert für konsolidierte Tone hinreichend genau mit $\lambda_0 = 0,5$ angenommen werden kann.

Lösung

Mit der Gl. (1.2) ist der Ruhedruckbeiwert:

$$\lambda_0 = 1 - 0{,}438 = 0{,}562$$

In einer Tiefe von z = 2,80 m unter der Geländeoberfläche ist der Erddruck im Zustand des Ruhedrucks:

$$p_0 = \gamma \cdot \lambda_0 \cdot z = 1{,}82 \cdot 0{,}562 \cdot 2{,}80 = 2{,}86 \ t/m^2$$

Die resultierende Kraft je 1 m Wandlänge ist:

$$E_0 = \frac{1}{2} \cdot p_0 \cdot z = 0{,}5 \cdot 2{,}86 \cdot 2{,}80 = 4{,}0 \ t/m$$

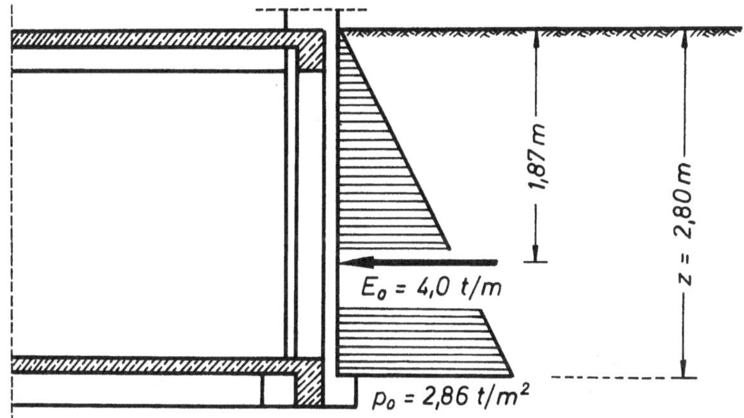

Abb. 1.3 Erddruckverteilung auf einer unbeweglichen Wand im Ruhedruckzustand.

Ergebnisse

In vielen Lehrbüchern wird erwähnt, daß der Ruhedruckbeiwert hinreichend genau für alle Böden mit $\lambda_0 = 0{,}5$ angenommen werden kann. Dies trifft jedoch strenggenommen nur für mitteldichte Sande und konsolidierte Tone zu.

Bei lockeren Sanden kann der Ruhedruckbeiwert leicht bis auf $\lambda_0 = 0{,}65$ ansteigen. Auch die Gl. (1.2) von JAKY zeigt einen deutlichen Anstieg des Ruhedruckbeiwertes mit abnehmender Dichte des Bodens, das heißt mit abnehmendem Reibungswinkel. Nach JAKY ist für einen lockeren Sand mit $\varrho = 20^o$:

$$\lambda_0 = 1 - 0{,}34 = 0{,}66$$

Dieser Wert deckt sich überzeugend mit den Ergebnissen der Untersuchungen von BERNATZIK. Sehr wichtig ist auch die

Kenntnis der Tatsache, daß die Vorbelastung den Ruhedruckbeiwert stark beeinflussen kann. KEZDI (1959) weist darauf
hin, daß in vorbelasteten Böden die horizontalen Spannungen
sogar größer werden können als die vertikalen Spannungen.
Diese Erscheinung kann aber als Ausnahme gewertet werden.

Im allgemeinen kann für nichtbindige Böden der Ruhedruckbeiwert nach JAKY oder BERNATZIK berechnet werden. Bei
Tonen kann $\lambda_0 \cong 0,5$ angenommen werden. In Zweifelsfällen ist
λ_0 im D-Versuch zu bestimmen.

Aufgabe 2   Gewölbewirkung und Erddruck auf Baugrubenaussteifungen

Die Abb. 1.4 zeigt den Querschnitt durch eine Baugrube
mit eingebauter Baugrubenaussteifung.

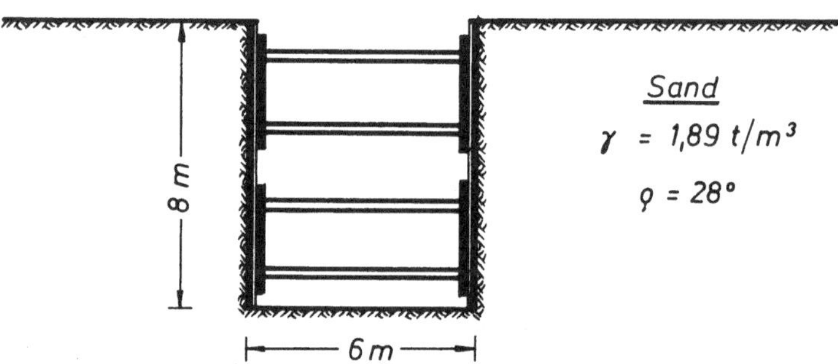

Abb. 1.4   Querschnitt durch eine Baugrube.

Zeichne die Erddruckverteilung auf die Baugrubenwand
unter Berücksichtigung der Gewölbewirkung.

Grundlagen

Bei Baugrubenaussteifungen hat man die Erfahrung gemacht,
daß in den meisten Fällen der Erddruck in mittlerer Höhe
der Baugrube größer ist als an der Baugrubensohle. Diese
Erkenntnis scheint zunächst den theoretischen Grundlagen
zu widersprechen, nach denen der Erddruck mit zunehmender

Tiefe größer werden muß. Letzteres aber gilt nur mit der
Einschränkung, daß sich die Wand um ihren Fußpunkt drehen
kann. Das ist bei Baugrubenaussteifungen jedoch niemals der
Fall.

Eingehende Untersuchungen, insbesondere von TERZAGHI
(1936), haben gezeigt, daß sich hinter einer Wand eine Gewölbewirkung ausbildet, wenn diese parallel verschoben oder
um ihren oberen Punkt gedreht wird.

Für dichte Sande hat TERZAGHI folgende quantitativen
Werte angegeben:

a)   wenn sich ein Punkt in mittlerer Höhe der Wand um
     etwa 0,05 % der Wandhöhe nach außen bewegt, so
     stellt sich hinter der Wand die Gewölbewirkung ein.
     Dieses Kriterium gilt auch, wenn die Wand während
     der Bewegung nicht vertikal bleibt.

b)   wenn sich der oberste Punkt der Wand um etwa 0,5 %
     der Wandhöhe nach außen bewegt, so stellt sich der
     volle aktive Erddruck ein. Dieses Kriterium gilt
     auch, wenn der Wandfuß sich ebenfalls um einen ge-
     ringen Betrag nach außen bewegt, also keine voll-
     kommene Drehung um den Fußpunkt vorhanden ist.

Abb. 1.5a zeigt den Verlauf der verschiedenen Erddrücke
auf eine Baugrubenwandung, wie sie von TERZAGHI (1936)
während des U-Bahnbaues in Berlin gemessen wurden. Alle
Erddrücke verlaufen mehr oder weniger parabolisch und können durch eine trapezförmige Verteilung (Abb. 1.5b) angenähert werden.

Der maximale horizontale Erddruck ist nach diesen Meß-
ergebnissen:

$$p = 0{,}8 \cdot p_a \cdot \cos \delta = \frac{1{,}6 \cdot E_a \cdot \cos \delta}{H} \quad (t/m^2) \qquad (1.3)$$

E_a = resultierende aktive Erddruckkraft in t/m
H = Tiefe der Baugrube in m
δ = Wandreibungswinkel

Nimmt man als mittleren Wert der Reibung zwischen dem Sand und der Wandung $\delta = 25°$ an, so ist näherungsweise:

$$p = \frac{1{,}4 \cdot E_a}{H} \qquad (t/m^2) \qquad\qquad (1.4)$$

Für Tone gibt TERZAGHI auf Grund von Messungen beim U-Bahnbau in Chicago die in Abb. 1.6 wiedergegebene Erddruckverteilung an.

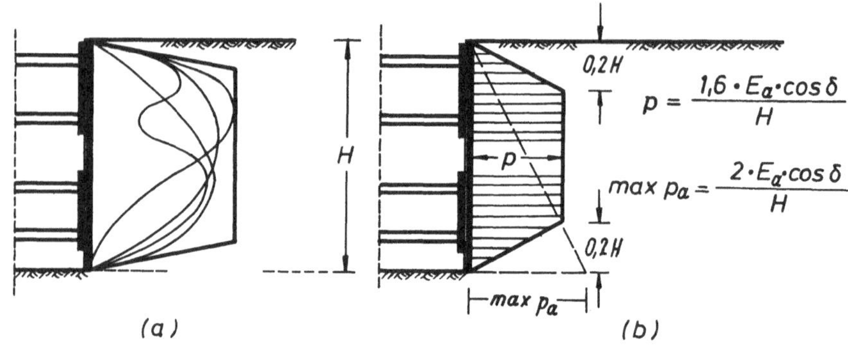

Abb. 1.5 Erddruckverteilungen auf Baugrubenwandungen in dichten Sanden (nach TERZAGHI 1936).

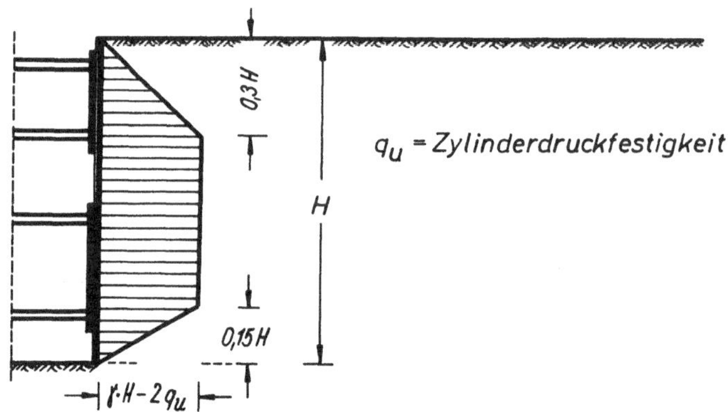

Abb. 1.6 Erddruckverteilung auf Baugrubenwandungen in Tonen (nach TERZAGHI 1948).

Lösung

In einer Tiefe von $H = 8$ m ist der aktive Erddruck (BÖLLING: Setzungen, Standsicherheiten und Tragfähigkeiten von Grundbauwerken, Aufgabe 5):

$$p_a = \gamma \cdot H \cdot tg^2(45° - \varphi/2) = 1{,}89 \cdot 8{,}0 \cdot 0{,}36 = 5{,}44\ t/m^2$$

Die resultierende Erddruckkraft ist:

$$E_a = \frac{1}{2} \cdot 8{,}0 \cdot 5{,}44 \quad = 21{,}76 \ t/m$$

Der maximale Erddruck bei Gewölbewirkung ist nach Gl. (1.4):

$$p = \frac{1{,}4 \cdot 21{,}76}{8{,}0} = 3{,}80 \ t/m^2$$

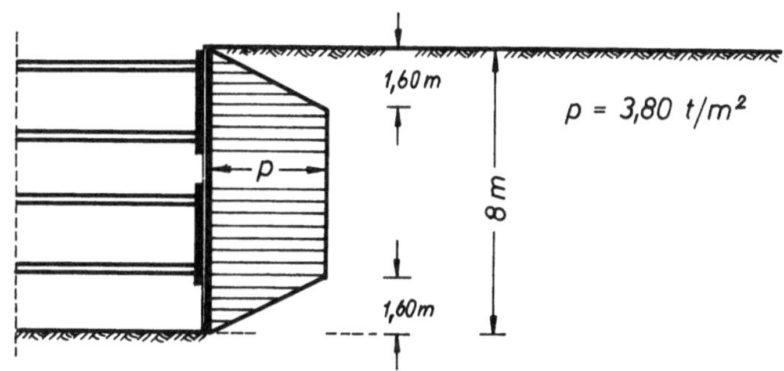

Abb. 1.7 Erddruckverteilung auf eine Baugrubenwandung.

Ergebnisse

Errechnet man die resultierende Erddruckkraft aus der von TERZAGHI empfohlenen trapezförmigen Erddruckverteilung, so erhält man:

$$E = \left[2 \cdot \frac{1}{2} \cdot 0{,}2 \cdot H \cdot \frac{1{,}6 \cdot E_a}{H} + \frac{1{,}6 \cdot E_a}{H} \cdot 0{,}6 \cdot H \right] \cos \delta = 1{,}28 \cdot E_a \cdot \cos \delta \ (t/m)$$

Die resultierende Erddruckkraft aus der trapezförmigen Druckverteilung ist also um 28 % größer als aus dem aktiven Erddruck.

KEZDI (1959) und TAYLOR (1948) führen ergänzend dazu an, daß die resultierende Erddruckkraft aus der Gewölbewirkung annähernd die gleiche Größe hat wie aus dem Ruhedruck.

Aufgabe 3 Aktiver Erddruck nichtbindiger Böden
auf eine Stützmauer nach RANKINE

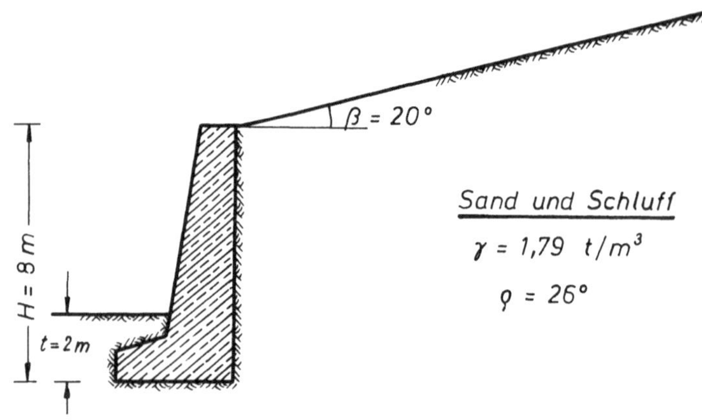

Abb. 1.8   Stützmauer mit einer Hinterfüllung aus
Sand und Schluff.

Abb. 1.8 zeigt eine Stützmauer, deren Hinterfüllung aus
Sand und Schluff besteht. Das Gelände ist zur Horizontalen
unter dem Winkel β = 20° geneigt.

Wie groß ist nach der Rankineschen Erddrucktheorie die
resultierende aktive Erddruckkraft je 1 m Wandlänge?

Wo und unter welchem Winkel greift sie an der Wand an?

Grundlagen

In der Aufgabe 5 (BÖLLING: Setzungen, Standsicherheiten
und Tragfähigkeiten von Grundbauwerken) wurden die Beziehungen für den aktiven und passiven Erddruck auf lotrechte
Flächen in unendlichen Böschungen untersucht. Die dort ermittelten Gleichungen lassen sich auch auf eine lotrechte
Stützmauer anwenden. Es ist:

$$\min p_l = p_a = \gamma \cdot z \cdot \cos\beta \cdot \frac{\cos\beta - \sqrt{\cos^2\beta - \cos^2\varrho}}{\cos\beta + \sqrt{\cos^2\beta - \cos^2\varrho}} \qquad (t/m^2)$$

Die resultierende aktive Erddruckkraft ist:

$$E_a = \frac{1}{2} \cdot \gamma \cdot H^2 \cos\beta \cdot \frac{\cos\beta - \sqrt{\cos^2\beta - \cos^2\varrho}}{\cos\beta + \sqrt{\cos^2\beta - \cos^2\varrho}} \qquad (t/m) \quad (1.5)$$

Die hier verwendeten Gleichungen gelten nur, wenn der Wandreibungswinkel genauso groß ist wie der Böschungswinkel. In diesem Fall verläuft die resultierende Erddruckkraft parallel zur Geländeoberfläche.

Lösung

In der Höhe der Gründungssohle ist der aktive Erddruck nach RANKINE:

$$p_a = 1{,}79 \cdot 8{,}0 \cdot \cos 20° \cdot \frac{\cos 20° - \sqrt{\cos^2 20° - \cos^2 26°}}{\cos 20° + \sqrt{\cos^2 20° - \cos^2 26°}}$$

Mit: $\cos 20° = 0{,}939,\quad \cos^2 20° = 0{,}882$
            $\cos 26° = 0{,}899,\quad \cos^2 26° = 0{,}808$

ist:

$$p_a = 1{,}79 \cdot 8{,}0 \cdot 0{,}939 \cdot 0{,}55 = 7{,}40 \; t/m^2$$

Die resultierende aktive Erddruckkraft ist also nach Gl. (1.5):

$$E_a = \frac{1}{2} \cdot 8{,}0 \cdot 7{,}40 = 29{,}6 \; t/m$$

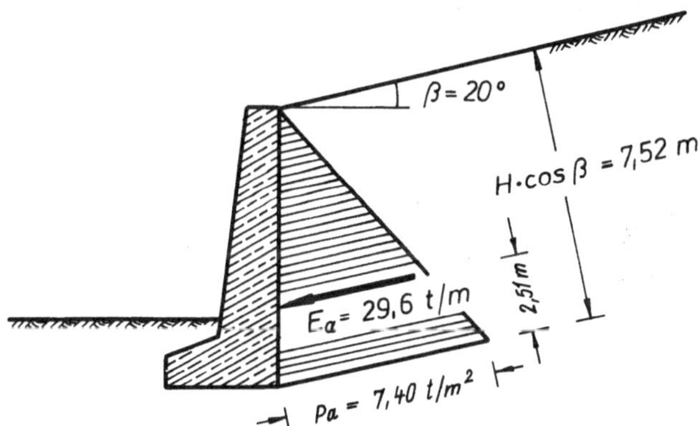

Abb. 1.9   Aktiver Erddruck auf eine Stützmauer nach RANKINE.

Die Erddruckverteilung sowie die Lage und Größe der resultierenden aktiven Erddruckkraft nach RANKINE sind in Abb. 1.9 dargestellt.

Aufgabe 4   Passiver Erddruck nichtbindiger Böden
auf eine Stützmauer nach RANKINE

Die Stützmauer in Abb. 1.8 soll sich infolge des Erddruckes aus der Hinterfüllung geringfügig verschieben, so daß am Fuß der Stützmauer der volle passive Erddruck wirksam wird.

Wie groß ist nach der Rankineschen Erddrucktheorie die resultierende passive Erddruckkraft je 1 m Wandlänge?

Wo und unter welchem Winkel greift sie an?

Grundlagen

Die Beziehungen, nach denen der passive Erddruck berechnet werden kann, wurden in der Aufgabe 5 (BÖLLING: Setzungen, Standsicherheiten und Tragfähigkeiten von Grundbauwerken) abgeleitet. In diesem Falle verläuft das Gelände horizontal ($\beta = 0$), und man erhält für $\beta = 0$ die Gleichung:

$$max\ p_l = \ p_p \ = \ \gamma \cdot z \cdot \frac{1 + sin\ \varrho}{1 - sin\ \varrho} \qquad (t/m^2)$$

Lösung

In Höhe der Gründungssohle der Stützmauer ist der passive Erddruck mit obiger Gleichung:

$$p_p = 1{,}79 \cdot 2{,}0 \cdot \frac{1 + sin\ 26°}{1 - sin\ 26°} = 1{,}79 \cdot 2{,}0 \cdot \frac{1 + 0{,}438}{1 - 0{,}438} = 9{,}17 \ \ t/m^2$$

Die resultierende passive Erddruckkraft ist:

$$E_p = \frac{1}{2} \cdot 2{,}0 \cdot 9{,}17 \ \ = 9{,}17 \ \ t/m$$

Die Erddruckverteilung sowie die Lage und Größe der resultierenden passiven Erddruckkraft nach RANKINE sind in Abb. 1.10 dargestellt.

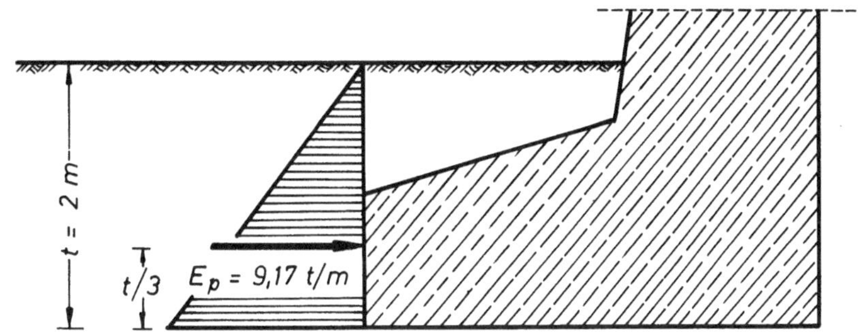

Abb. 1.10 Passiver Erddruck auf eine Stützmauer
           nach RANKINE.

Aufgabe 5 Aktiver Erddruck nichtbindiger Böden
auf eine Stützmauer nach COULOMB

Abb. 1.11 zeigt eine Stützmauer, deren Hinterfüllung
aus Sand besteht. Das Gelände ist zur Horizontalen unter
dem Winkel $\beta = 10^\circ$ geneigt. Der Wandreibungswinkel ist
$\delta = 20^\circ$.

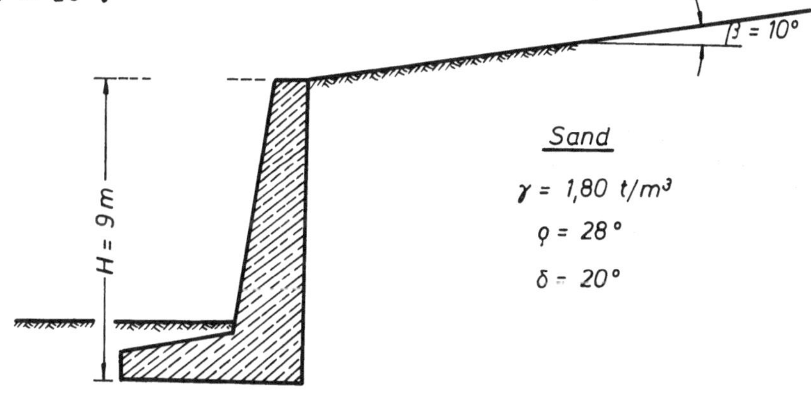

Abb. 1.11 Querschnitt durch eine Stützmauer mit
           einer Hinterfüllung aus Sand.

Wie groß sind die horizontale und vertikale Komponente
der resultierenden aktiven Erddruckkraft nach COULOMB?

Welcher Fehler entsteht, wenn die resultierende aktive
Erddruckkraft nach RANKINE berechnet wird?

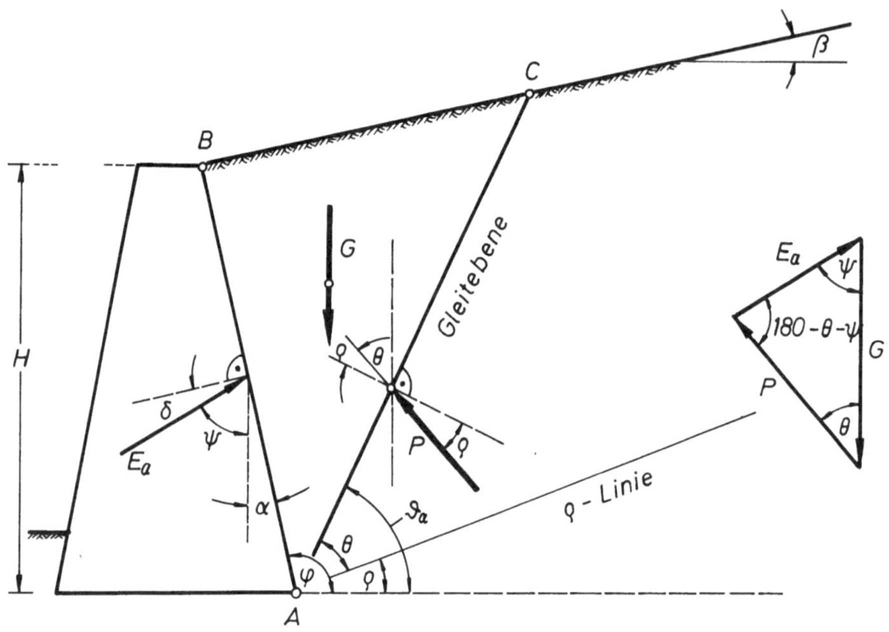

Abb. 1.12   Aktiver Erddruck auf eine Stützmauer
nach der Theorie von COULOMB.

Grundlagen

Die Theorie von COULOMB (1773) geht davon aus, daß sich
in der Hinterfüllung ein Gleitkörper ausbildet, der durch
die Wandfläche der Stützmauer, die Geländeoberfläche und
durch eine ebene Gleitfläche (Abb. 1.12) begrenzt wird.
Diese drei Flächen zusammen ergeben den dreieckigen Querschnitt ABC (Abb. 1.12).

Die resultierende aktive Erddruckkraft E_a bildet mit der
Lotrechten den Winkel $\psi = 90 - \alpha - \delta$, wobei α die Neigung
der Wand zur Lotrechten und δ der Wandreibungswinkel ist.

Die Resultierende aller Reibungskräfte ist zur Normalen
auf der Gleitfläche um den Winkel ϱ geneigt. Eine Linie
durch den Punkt A unter der Neigung ϱ wird ϱ-Linie genannt.
Die Gleitfläche bildet mit der ϱ-Linie den Winkel θ . Der
Winkel θ ist der Neigungswinkel der resultierenden Reibungs-

kraft P zur Lotrechten. Die resultierende Erddruckkraft E_a
läßt sich rechnerisch und auch graphisch aus einem Krafteck schnell bestimmen. Der maximale Wert der resultierenden
Erddruckkraft E_a kann entweder durch die Untersuchung
mehrerer verschiedener Gleitflächen oder auch durch eine
Grenzwertbetrachtung rechnerisch ermittelt werden.

Aus der Grenzwertbetrachtung erhält man die Gleichung
der resultierenden aktiven Erddruckkraft für nichtbindige
Böden:

$$E_a = \frac{1}{2} \cdot \gamma \cdot H^2 \cdot \left[\frac{\sin(\varphi - \varrho)}{\sin\varphi \cdot \left(\sqrt{\sin(\varphi + \delta)} + \sqrt{\frac{\sin(\varrho + \delta) \cdot \sin(\varrho - \beta)}{\sin(\varphi - \beta)}} \right)} \right]^2 \qquad (1.6)$$

Wenn die Wand lotrecht ($\varphi = 90^0$), das Gelände horizontal ($\beta = 0^0$) und $\varrho = \delta$ ist, dann vereinfacht sich die
Gl. (1.6), und es ist:

$$E_a = \frac{1}{2} \cdot \gamma \cdot H^2 \cdot \frac{\cos\varrho}{\left(1 + \sqrt{2} \cdot \sin\varrho\right)^2} \qquad (t/m) \qquad (1.7)$$

Wenn $\varphi = 90^0$ und $\beta = \delta$ ist, dann entspricht die
Gl. (1.6) der Gl. (1.5) von RANKINE. In der Abb. 1.41 sind
die Einflußwerte k der Gl. (1.8) und (1.9) für die Bereiche
$0 \leqq \delta \leqq 40^0$ angegeben.

$$E_a = \frac{1}{2} \cdot \gamma \cdot H^2 \cdot k \qquad (t/m) \qquad (1.8)$$

$$\max p_a = \gamma \cdot H \cdot k \qquad (t/m^2) \qquad (1.9)$$

Mit den Gl. (1.8) und (1.9) kann die resultierende aktive Erddruckkraft E_a aus nichtbindigen Böden für alle vertikalen Stützmauern, deren Hinterfüllung eine horizontale
Geländeoberfläche hat, schnell angegeben werden.

Lösung

Nach COULOMB ist die resultierende aktive Erddruckkraft
mit der Gl. (1.6) und mit den trigonometrischen Größen:
$\sin(\varphi - \varrho) = \sin(90 - 28) = \sin 62^0 = 0{,}883$

$$\sin \varphi = \sin 90^\circ = 1$$

$$\sqrt{\sin (\varphi + \delta)} = \sqrt{\sin (90 + 20)} = \sqrt{\sin 110^\circ} = 0,969$$

$$\sin (\varrho + \delta) = \sin (28 + 20) = \sin 48^\circ = 0,743$$

$$\sin (\varrho - \beta) = \sin (28 - 10) = \sin 18^\circ = 0,309$$

$$\sin (\varphi - \beta) = \sin (90 - 10) = \sin 80^\circ = 0,985$$

$$E_a = 0,5 \cdot 1,80 \cdot 81,0 \cdot \left[\frac{0,883}{0,969 + \sqrt{\frac{0,743 \cdot 0,309}{0,985}}} \right]^2 = 26,90 \ t/m$$

Die horizontale und die vertikale Komponente der resultierenden Erddruckkraft sind:

$$E_{ah} = E_a \cdot \cos 20^\circ = 26,9 \cdot 0,94 = 25,29 \ t/m$$

$$E_{av} = E_a \cdot \sin 20^\circ = 26,9 \cdot 0,342 = 9,20 \ t/m$$

Nach RANKINE ist die resultierende aktive Erddruckkraft:

$$E_a = 0,5 \cdot 1,80 \cdot 81,0 \cdot \cos 10^\circ \cdot \frac{\cos 10^\circ - \sqrt{\cos^2 10^\circ - \cos^2 28^\circ}}{\cos 10^\circ + \sqrt{\cos^2 10^\circ - \cos^2 28^\circ}}$$

$$\cos 10^\circ = 0,985, \quad \cos^2 10^\circ = 0,970$$

$$\cos 28^\circ = 0,883, \quad \cos^2 28^\circ = 0,780$$

$$E_a = 0,5 \cdot 1,80 \cdot 81,0 \cdot 0,985 \cdot \frac{0,985 - \sqrt{0,97 - 0,78}}{0,985 + \sqrt{0,97 - 0,78}}$$

$$E_a = 0,5 \cdot 1,80 \cdot 81,0 \cdot 0,985 \cdot \frac{0,549}{1,421} = 27,72 \ t/m$$

Die horizontale und die vertikale Komponente der resultierenden Erddruckkraft sind:

$$E_{ah} = 27,72 \cdot \cos 10^\circ = 27,72 \cdot 0,985 = 27,30 \ t/m$$

$$E_{av} = 27,72 \cdot \sin 10^\circ = 27,72 \cdot 0,174 = 4,82 \ t/m$$

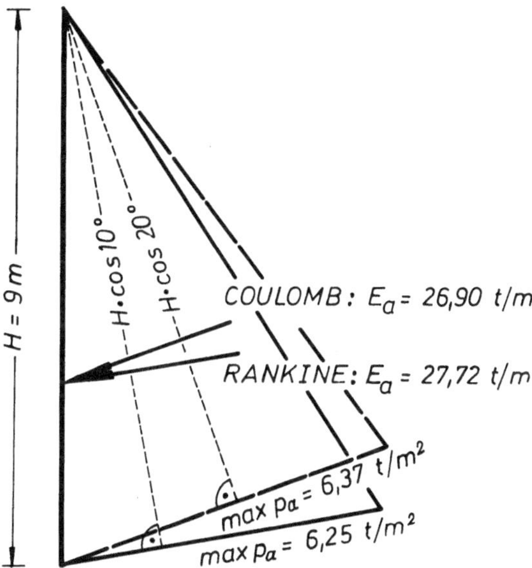

Abb. 1.13   Aktiver Erddruck auf eine lotrechte Wand
nach COULOMB und RANKINE.

Nach COULOMB ist der maximale aktive Erddruck für
H = 9 m:

$$\text{max } p_a = \frac{2 \cdot E_a}{H \cdot \cos 20°} = \frac{2 \cdot 26,90}{9,0 \cdot 0,939} = 6,37 \; t/m²$$

Nach RANKINE ist der maximale aktive Erddruck für
H = 9 m:

$$\text{max } p_a = \frac{2 \cdot E_a}{H \cdot \cos 10°} = \frac{2 \cdot 27,72}{9,0 \cdot 0,985} = 6,25 \; t/m²$$

Ergebnisse

Die horizontale Komponente der resultierenden aktiven
Erddruckkraft nach RANKINE ist um etwa 8 % größer als diejenige nach der Coulombschen Erddrucktheorie.

Die vertikale Komponente der resultierenden aktiven Erddruckkraft nach RANKINE ist um 48 % kleiner als diejenige
nach der Coulombschen Erddrucktheorie.

Nach der Theorie von RANKINE ergibt sich ein Kippmoment,

das etwa 8 % größer ist als nach der Theorie von COULOMB.
Es läßt sich keine allgemeine Regel aufstellen, welche Erd-
drucktheorie die ungünstigsten Momente oder Kräfte liefert.
Im allgemeinen sind die Abweichungen der Ergebnisse beider
Theorien so gering, daß jede in der Praxis angewendet wer-
den kann und hinreichend genaue Resultate liefert.

In diesem Beispiel ergibt die Rankinesche Erddrucktheorie das ungünstigere Kippmoment. Die Rechnung nach RANKINE
enthält allerdings den Fehler, daß die Neigung der Wir-
kungslinie der aktiven Erddruckkraft nicht mit der Neigung
des Wandreibungswinkels übereinstimmt.

Aufgabe 6   Passiver Erddruck nichtbindiger Böden
auf eine Stützmauer nach COULOMB

Für die Stützmauer der Abb. 1.11 soll der passive Erddruck ermittelt werden.

Wie groß ist nach der Coulombschen Erddrucktheorie die
resultierende passive Erddruckkraft?

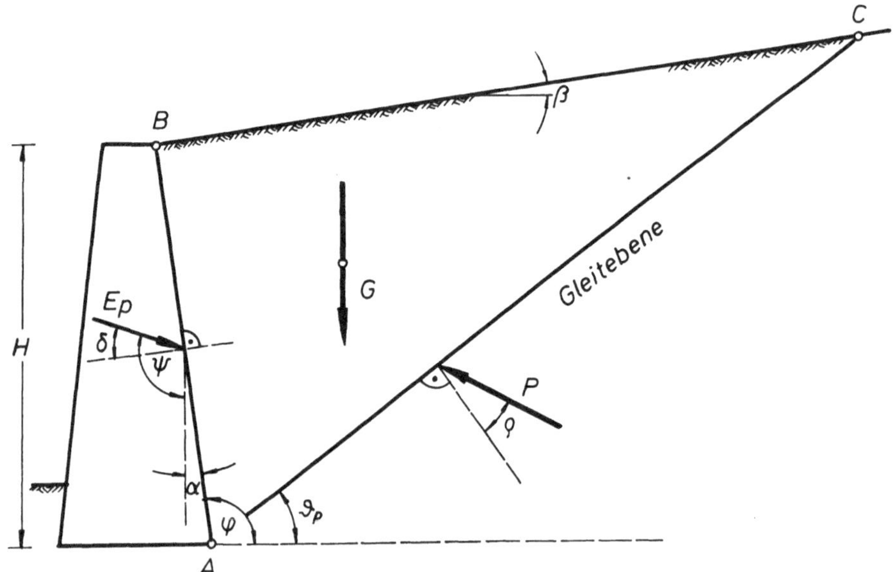

Abb. 1.14   Passiver Erddruck auf eine Stützmauer
nach der Theorie von COULOMB.

Grundlagen

Auch beim passiven Erddruck wird nach der Coulombschen
Erddrucktheorie der Gleitkörper durch die Wandfläche der
Stützmauer, die Geländeoberfläche und durch eine ebene
Gleitfläche begrenzt. Diese drei Flächen zusammen bilden
den dreieckigen Querschnitt ABC (Abb. 1.14).

Aus dem Gleichgewicht der am Gleitkeil angreifenden
Kräfte erhält man nach einer Grenzwertbetrachtung die mini-
male passive Erddruckkraft:

$$E_p = \frac{\gamma \cdot H^2}{2} \cdot \left[\frac{\sin(\varphi + \varrho)}{\sin\varphi \cdot \left(\sqrt{\sin(\varphi - \delta)} - \sqrt{\frac{\sin(\varrho + \delta) \cdot \sin(\varrho + \beta)}{\sin(\varphi - \beta)}} \right)} \right]^2 \qquad (1.10)$$

Wenn die Wand lotrecht ($\varphi = 90^\circ$) und das Gelände horizontal ($\beta = 0$) ist, kann der passive Erddruck nach der
Gl. (1.11) bestimmt werden:

$$E_p = \frac{1}{2} \cdot \gamma \cdot H^2 \cdot k_p \qquad (t/m) \qquad (1.11)$$

Die Einflußwerte k_p können der Abb. 1.42 entnommen werden.

Lösung

$\sin(\varphi + \varrho) = \sin(90 + 28) = 0{,}883$

$\sin\varphi = \sin 90^\circ = 1$

$\sin(\varphi - \delta) = \sin(90 - 20) = 0{,}939$

$\sin(\varrho + \delta) = \sin(28 + 20) = 0{,}743$

$\sin(\varrho + \beta) = \sin(28 + 10) = 0{,}616$

$\sin(\varphi - \beta) = \sin(90 - 10) = 0{,}985$

Mit der Gl. (1.10) ist:

$$E_p = \frac{1{,}80 \cdot 81{,}0}{2} \left(\frac{0{,}883}{\sqrt{0{,}939} - \sqrt{\frac{0{,}743 \cdot 0{,}616}{0{,}985}}} \right)^2$$

$$E_p = 73{,}0 \cdot \left(\frac{0{,}883}{0{,}29} \right)^2 = 691{,}0 \quad t/m$$

Ergebnisse

Die resultierende passive Erddruckkraft ist annähernd
25mal größer als die resultierende aktive Erddruckkraft.
Bei nichtbindigen Böden wird man nach der Coulombschen Erddrucktheorie in den meisten Fällen ein Verhältnis E_p/E_a von
10 bis 20 antreffen.

Das Verhältnis E_p/E_a wird jedoch wesentlich größer,
sobald der Boden auch Kohäsion aufweist. Auf eine weitere
wichtige Tatsache muß ebenfalls aufmerksam gemacht werden.
Nach der Coulombschen Erddrucktheorie läßt sich nur der
aktive Erddruck annähernd richtig errechnen, der passive
Erddruck wird jedoch zu groß ermittelt, sobald $\delta > \frac{1}{3}\varphi$ ist.
In diesem Falle ist $\delta = 20° \gg \frac{1}{3}\varphi = 9,33°$, daher ist der
errechnete passive Erddruck mit Sicherheit zu groß. In
einem späteren Beispiel wird eine allgemeine numerische
Berechnung des aktiven und passiven Erddrucks vorgestellt,
bei der dieser Fehler durch einen Reduktionsfaktor ausge-
glichen wird.

Aufgabe 7   Aktiver Erddruck nichtbindiger Böden
auf eine Stützmauer nach PONCELET und REBHANN

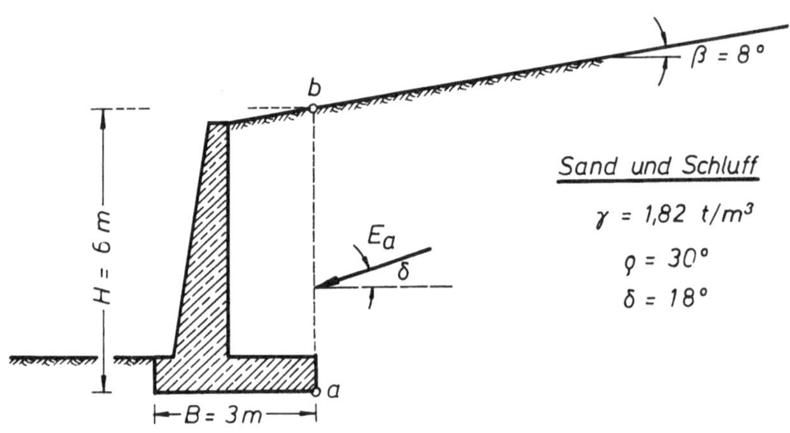

Abb. 1.15 Querschnitt durch eine Winkelstützmauer.

Abb. 1.15 zeigt eine Winkelstützmauer mit einer Hinterfüllung aus Sand und Schluff. Die zulässige Bodenpressung
ist $\sigma_{zul} = 2$ kg/cm^2.

Bestimme die resultierende aktive Erddruckkraft nach
PONCELET und REBHANN.

Grundlagen

Aus dem Krafteck der Abb. 1.12 liest man unter Anwendung
des Sinussatzes ab:

$$E_a = G \cdot \frac{\sin\theta}{\sin(\psi+\theta)} \qquad (t/m) \qquad (1.12)$$

Für einen bestimmten Winkel θ , der als kritischer Winkel θ_{crit} bezeichnet wird, wird E_a ein Maximum erreichen.
Man erhält dieses Maximum, wenn man die erste Ableitung von
E_a nach θ gleich Null setzt und das Ergebnis in die Gl.
(1.12) einführt:

$$\frac{dE_a}{d\theta} = 0 = \frac{\sin(\psi+\theta)\cdot\left[G\cdot\cos\theta + \sin\theta\cdot\frac{dG}{d\theta}\right] - G\sin\theta\cdot\cos(\psi+\theta)}{\sin^2(\psi+\theta)} \qquad (1.13)$$

Nach weiterer Umformung der Gl. (1.13) ist:

$$G\cdot\left[\sin(\psi+0)\cdot\cos\theta - \cos(\psi+\theta)\cdot\sin\theta\right] = \left(-\frac{dG}{d\theta}\right)\cdot\sin(\psi+\theta)\cdot\sin\theta \qquad (1.14)$$

Mit der Beziehung: $\sin(\psi+\theta)\cdot\cos\theta - \cos(\psi+\theta)\cdot\sin\theta = \sin\psi$ wird:

$$G = -\frac{dG}{d\theta_{crit}} \cdot \frac{\sin(\psi+\theta)\cdot\sin\theta}{\sin\psi} \qquad (t/m) \qquad (1.15)$$

Aus der Abb. 1.16 ersieht man, daß für kleine Winkel
von θ :

$$dG = -\frac{1}{2}\cdot\gamma\cdot s_2^2\cdot d\theta_{crit} \qquad (1.16)$$

Ein positives dθ verursacht ein negatives dG, somit
ist:

$$-\left(\frac{dG}{d\theta}\right) = \frac{1}{2}\cdot\gamma\cdot s_2^2 \qquad (1.17)$$

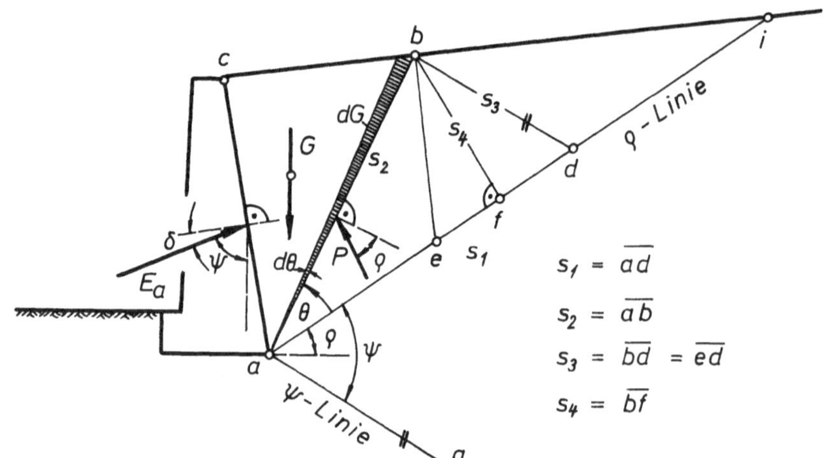

Abb. 1.16   Ermittlung des aktiven Erddrucks nach
            REBHANN.

Aus Abb. 1.16 liest man weiterhin ab:

$$\sin \theta_{crit} = \frac{s_4}{s_2} \tag{1.18}$$

$$\frac{\sin(\psi + \theta_{crit})}{\sin \psi} = \frac{s_1}{s_2} \tag{1.19}$$

$$\frac{\sin \theta_{crit}}{\sin(\psi + \theta_{crit})} = \frac{s_3}{s_1} \tag{1.20}$$

Die Gl. (1.17) und (1.18) in die Gl. (1.15) eingesetzt,
ergibt:

$$G = \frac{1}{2} \cdot \gamma \cdot s_1 \cdot s_4 \qquad (t/m) \tag{1.21}$$

Die Gl. (1.21) drückt aus, daß das Gewicht des Gleitkeils dem Gewicht des Dreiecks abd entsprechen muß, also
ist die Fläche des Gleitkeils genauso groß wie die Fläche
des Dreiecks abd, wenn a-b die Gleitebene darstellt.

Die Gl. (1.20) und (1.21) in die Gl. (1.12) eingesetzt,
ergibt:

$$E_a = \frac{1}{2} \cdot \gamma \cdot s_3 \cdot s_4 \qquad (t/m) \tag{1.22}$$

Die Gl. (1.22) drückt aus, daß die resultierende aktive
Erddruckkraft dem Gewicht des Dreiecks bde entsprechen
muß.

Die Gleitebene kann nach dem Verfahren von PONCELET
(1840) unter Benutzung der von REBHANN (1871) ermittelten
Zusammenhänge graphisch bestimmt werden (Abb. 1.17).

Die graphische Bestimmung erfolgt in folgenden Schritten:

a) man zeichnet die ρ-Linie $\overline{ae}$ und die ψ-Linie $\overline{ak}$,

b) durch den Punkt c wird eine Parallele $\overline{cf}$ zur
ψ-Linie gezeichnet,

c) man bestimmt den Punkt d aus der Gleichung:

$$\overline{ad} = \sqrt{\overline{af} \cdot \overline{ae}}, \qquad\qquad (1.23)$$

die Strecken $\overline{af}$ und $\overline{ae}$ können aus Abb. 1.17 abgegriffen werden,

d) durch den Punkt d wird eine Parallele zur ψ-Linie
gezeichnet, die in ihrem Schnittpunkt mit der
Linie $\overline{ce}$ den Punkt b ergibt,

e) man zeichnet die Normale zur Gleitebene $\overline{bl}$ und
greift aus der Zeichnung die gesuchten Strecken ab:

$$\overline{bd} = s_3,$$
$$\overline{bl} = s_4.$$

Mit s_3 und s_4 läßt sich die Resultierende des aktiven Erddrucks für nichtbindige Böden nach der
Gl. (1.22) bestimmen.

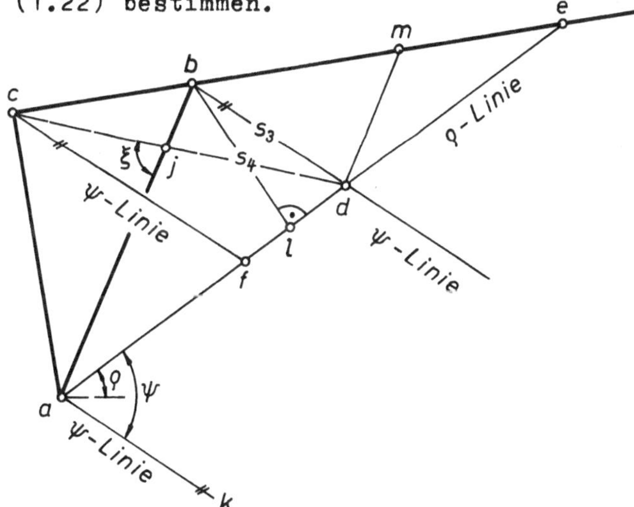

Abb. 1.17 Graphische Bestimmung des aktiven Erddrucks
nach PONCELET.

Die Gültigkeit der graphischen Lösung von PONCELET läßt
sich aus den geometrischen Beziehungen der verwendeten
Dreiecke schnell beweisen.

Es ist:

$$\frac{1}{2}\cdot\overline{ab}\cdot\overline{cj}\cdot sin\,\xi \;=\; \frac{1}{2}\cdot\overline{ab}\cdot\overline{jd}\cdot sin\,\xi \qquad (1.24)$$

$$\overline{cj} \;=\; \overline{jd} \qquad (1.25)$$

Damit ist:

$$\overline{cb} \;=\; \overline{bm} \qquad (1.26)$$

Der Abb. 1.17 entnimmt man außerdem:

$$\frac{\overline{fd}}{\overline{de}} \;=\; \frac{\overline{cb}}{\overline{be}} \;=\; \frac{\overline{bm}}{\overline{be}} \;=\; \frac{\overline{ad}}{\overline{ae}} \;=\; \frac{\overline{ad}-\overline{fd}}{\overline{ae}-\overline{de}} \;=\; \frac{\overline{af}}{\overline{ad}} \qquad (1.27)$$

und daraus:

$$\frac{\overline{af}}{\overline{ad}} \;=\; \frac{\overline{ad}}{\overline{ae}} \qquad (1.28)$$

Aus der Gl. (1.28) erhält man dann die Beziehung der Gl. (1.23), mit deren Hilfe der Punkt d in Abb. 1.17 bestimmt werden kann.

<u>Lösung</u>

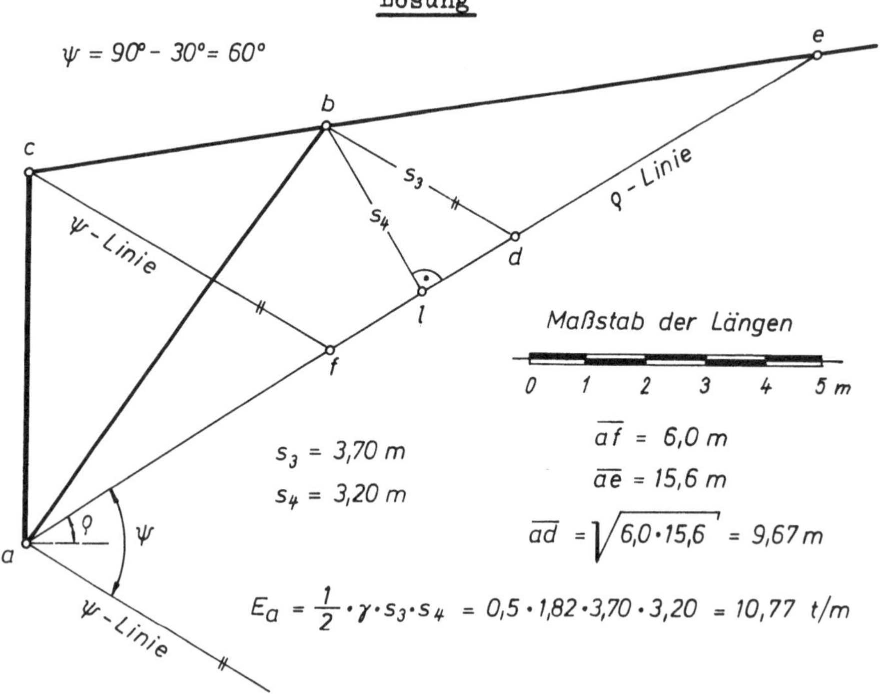

Abb. 1.18 Graphische Ermittlung der resultierenden aktiven Erddruckkraft nach PONCELET.

Man nimmt an, daß der ᴱrddruck an der lotrechten Fläche
ab (Abb. 1.15) angreift, wenn die Stützkonstruktion die
Form einer Winkelstützmauer hat.

In diesem Fall kann der Wandreibungswinkel $\delta = 18^0$ nicht
angewendet werden. Die Berechnungen müssen mit dem Reibungswinkel des Bodens durchgeführt werden. Die graphische Lösung ist in der Abb. 1.18 durchgeführt.

Aufgabe 8   Passiver Erddruck nichtbindiger Böden
auf eine Stützmauer nach PONCELET

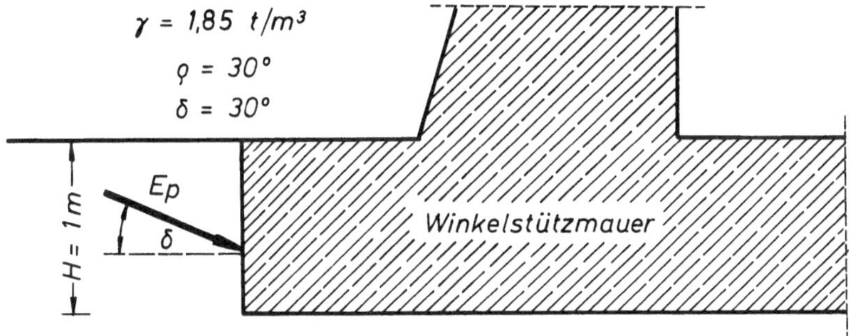

Abb. 1.19 Querschnitt durch den vorderen Teil eines
Stützwandfußes.

Abb. 1.19 zeigt den vorderen Teil eines Stützwandfußes.
Die Stützwand soll sich infolge des Erddruckes E_a geringfügig nach links verschieben, so daß der volle passive Erddruck E_p wirksam wird.

Wie groß ist die resultierende passive Erddruckkraft E_p
nach dem graphischen Verfahren von PONCELET?

Vergleiche die errechnete Erddruckkraft mit einer Berechnung nach der Rankineschen Erddrucktheorie.

Grundlagen

Die graphische Ermittlung der resultierenden passiven
Erddruckkraft E_p nach PONCELET (1840) ist in Abb. 1.20 dar-

gestellt. Sie ermittelt sich in folgenden Schritten:

a) man zeichnet die ϱ -Linie $\overline{og}$ unter dem Winkel ϱ zur Horizontalen. Der Winkel ϱ wird im Uhrzeigersinn gemessen. Wo die ϱ -Linie die Verlängerung der Linie $\overline{ab}$ (Geländeoberfläche) schneidet, liegt der Punkt c,

b) man zeichnet die ψ -Linie unter dem Winkel ψ mit der ϱ -Linie. Der Winkel ψ wird ebenfalls im Uhrzeigersinn gemessen,

c) parallel zur ψ -Linie zeichnet man die Linie $\overline{af}$ durch den Punkt a,

d) die Strecke $\overline{od}$ bestimmt man aus der Gleichung:

$$\overline{od} = \sqrt{\overline{of} \cdot \overline{oc}} \qquad\qquad (1.29)$$

Die Strecken $\overline{of}$ und $\overline{oc}$ werden aus der Zeichnung abgegriffen,

e) man zieht die Linie $\overline{db}$ parallel zur ψ -Linie und erhält den Punkt b. Die Linie $\overline{ob}$ ist die gesuchte Spur der Gleitebene,

f) die resultierende passive Erddruckkraft ist dann:

$$E_p = \frac{1}{2} \cdot \gamma \cdot s_3 \cdot s_4 \qquad (t/m) \qquad (1.30)$$

<u>Lösung</u>

Die resultierende passive Erddruckkraft ist in Abb. 1.20 graphisch ermittelt. Sie beträgt:

$$E_p = 5{,}90 \text{ t/m.}$$

Nach der Rankineschen Erddrucktheorie (BÖLLING: Setzungen, Standsicherheiten und Tragfähigkeiten von Grundbauwerken, Aufgabe 5) ist die resultierende passive Erddruckkraft:

$$E_p = \frac{\gamma \cdot H^2}{2} \cdot \frac{1 + \sin\varrho}{1 - \sin\varrho} - \frac{1{,}85 \cdot 1{,}0^2}{2} \cdot \frac{1 + 0{,}5}{1 - 0{,}5} = 2{,}77 \ t/m$$

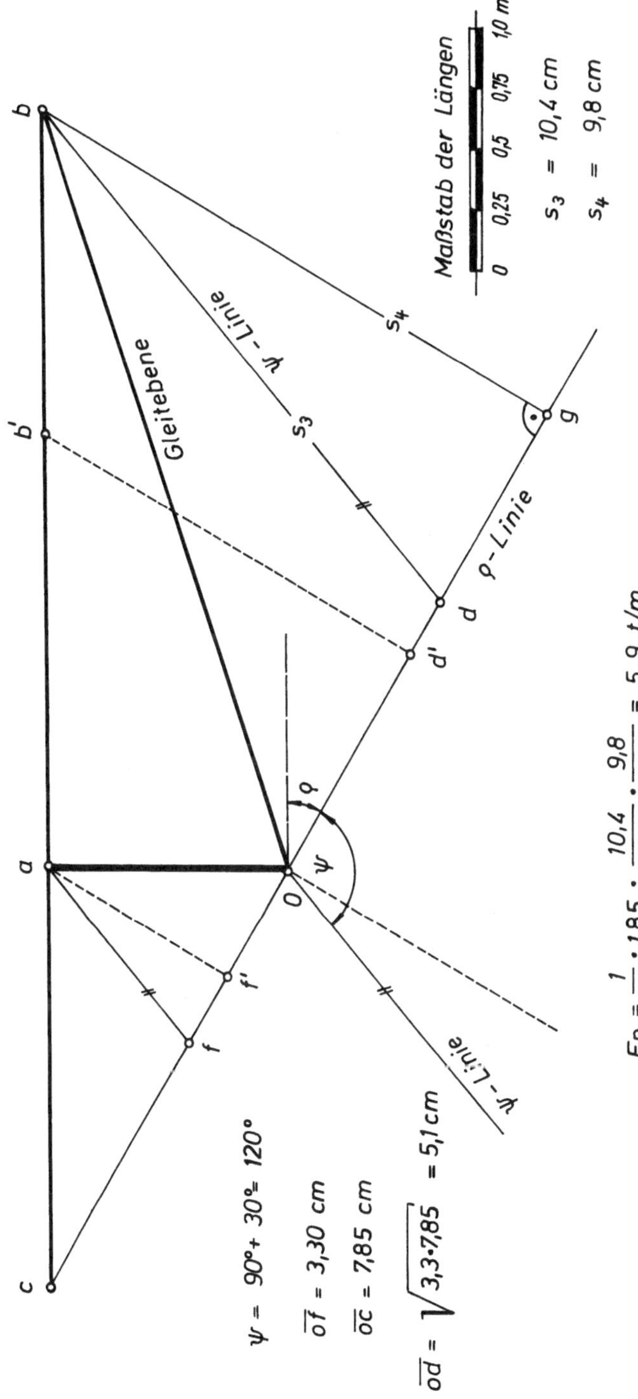

$$\psi = 90° + 30° = 120°$$
$$\overline{of} = 3,30 \text{ cm}$$
$$\overline{oc} = 7,85 \text{ cm}$$
$$\overline{od} = \sqrt{3,3 \cdot 7,85} = 5,1 \text{ cm}$$
$$E_p = \frac{1}{2} \cdot 1,85 \cdot \frac{10,4}{4} \cdot \frac{9,8}{4} = 5,9 \text{ t/m}$$

Abb. 1.20 Ermittlung der resultierenden passiven Erddruckkraft nach PONCELET.

Ergebnisse

Der Vergleich der beiden Berechnungen zeigt, daß bei Annahme ebener Gleitflächen durch die Vernachlässigung der
Wandreibung in der Rankineschen Formel eine erhebliche Ab-
weichung von dem genaueren theoretischen Wert entsteht.

In Abb. 1.20 ist zum Vergleich auch die resultierende
passive Erddruckkraft graphisch ermittelt, die der Rankineschen Theorie entspricht (gestrichelte Linien, $\delta = 0$ und
$\psi = 90^{\circ}$). Man greift aus der Zeichnung ab:

$$\overline{of'} \quad = \quad 2,00 \text{ cm}$$
$$\overline{oc} \quad = \quad 7,85 \text{ cm}$$

Damit ist:

$$\overline{od'} \quad = \quad \sqrt{2,0 \cdot 7,85} \quad = 3,97 \text{ cm}$$
$$\overline{d'b'} \quad = \quad s_3 \quad = \quad s_4 \quad = 6,9 \text{ cm}$$

Mit Gl. (1.30) ist dann:

$$E_p = \frac{1}{2} \cdot 1,85 \cdot \left(\frac{6,9}{4}\right)^2 = 2,77 \ t/m$$

Das Ergebnis deckt sich exakt mit der analytisch
ermittelten resultierenden passiven Erddruckkraft nach
RANKINE.

Die Anwendung der Rankineschen Formel wird also in jedem
Falle einen ungünstigeren Wert ergeben, das heißt, die Si-
cherheit wird erhöht, wenn in Fällen, ähnlich dem dieses
Beispiels, der passive Erddruck nach RANKINE ermittelt wird.

In Wirklichkeit wird die resultierende passive Erddruckkraft zwischen den beiden Werten liegen, denn sie ist nach
den Untersuchungen von TERZAGHI (1936) ungefähr um 30 %
kleiner als der maximale Wert bei Annahme ebener Gleitflächen, wenn $\delta = \rho$ ist.

Aufgabe 9   Aktiver Erddruck auf eine Stützmauer mit einer Hinterfüllung aus nichtbindigem Boden und Auflasten nach ENGESSER

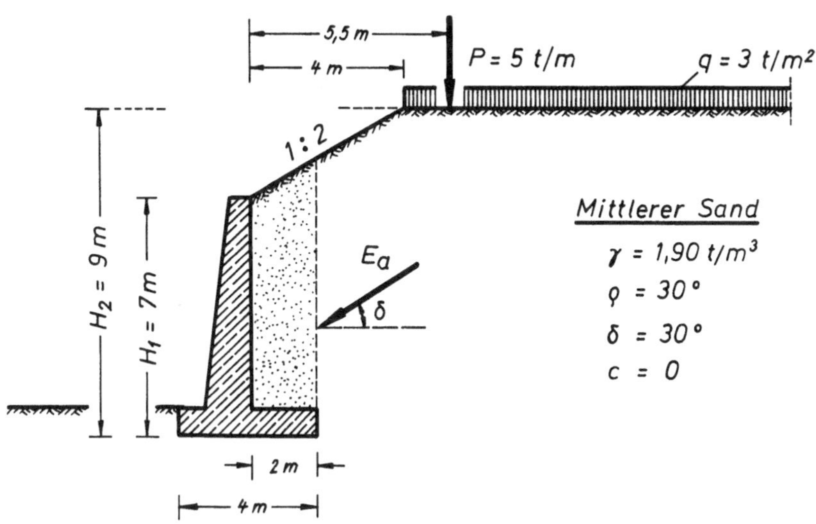

Abb. 1.21   Querschnitt durch eine Winkelstützmauer mit Hinterfüllung und Auflasten.

Abb. 1.21 zeigt eine Winkelstützmauer mit einer Hinterfüllung aus nichtbindigem Boden. Die Geländeoberfläche ist teilweise geneigt und weist einen Knick auf. Der aktive Erddruck wird durch eine Linienlast P und eine gleichmäßig verteilte Nutzlast q beeinflußt.

Wie groß ist die resultierende aktive Erddruckkraft nach dem graphischen Verfahren von ENGESSER?

Grundlagen

Nach dem Verfahren von ENGESSER (1880) teilt man den Boden hinter der Stützmauer in eine beliebige Anzahl von kleinen dreieckigen Teilflächen ein und bestimmt für jede dieser Flächen das Gewicht aus der Eigenlast und der Nutzlast. Die Reibungskraft auf der Grenzfläche einer Teilfläche bildet mit der Normalen den Reibungswinkel ϱ (Abb. 1.22).

Trägt man nun alle diese Gewichte der einzelnen Teilflächen und der Nutzlasten sowie die zugehörigen Reibungskräfte in einem Krafteck auf, so läßt sich an die Vektoren, die die Reibungskräfte repräsentieren, eine Umhüllende ziehen. Durch einen bestimmten Punkt dieser Umhüllenden muß auch der Vektor hindurchgehen, der die größte resultierende aktive Erddruckkraft E_a darstellt.

Wenn der Wandreibungswinkel δ bekannt ist, so ist dieser Punkt eindeutig festgelegt, wie die Konstruktion in Abb. 1.22 zeigt, und man kann die Größe der resultierenden aktiven Erddruckkraft abgreifen.

Lösung

In Abb. 1.22 ist der Boden im Lageplan willkürlich in acht dreieckige Teilflächen eingeteilt. In der Tab. 1.1 sind die Gewichte aus jeder Teilfläche einschließlich der Auflasten errechnet und in Abb. 1.22 zum Krafteck zusammengefügt.

Tabelle 1.1   Ermittlung der Gewichte der einzelnen
Erdkeile.

Erdkeil	Hinterfüllung				Nutzlast	
	Basis	Höhe	Fläche	Gewicht	Breite	Gewicht
	m	m	m²	t/m	m	t/m
1	8,55	0,85	3,64	6,91	----	----
2	9,25	0,90	4,17	7,92	----	----
3	9,55	1,00	4,77	9,06	1,00	3,00
4	9,95	1,00	4,97	9,44	1,10	3,30
5	10,55	1,10	5,80	11,02	1,25	3,75
6	11,25	1,00	5,63	10,70	1,30	3,90
7	12,30	1,20	7,38	14,02	1,65	4,95
8	13,70	1,30	8,90	16,91	1,90	5,70

Dem Krafteck entnimmt man:

$$E_a = 29,0 \ t/m.$$

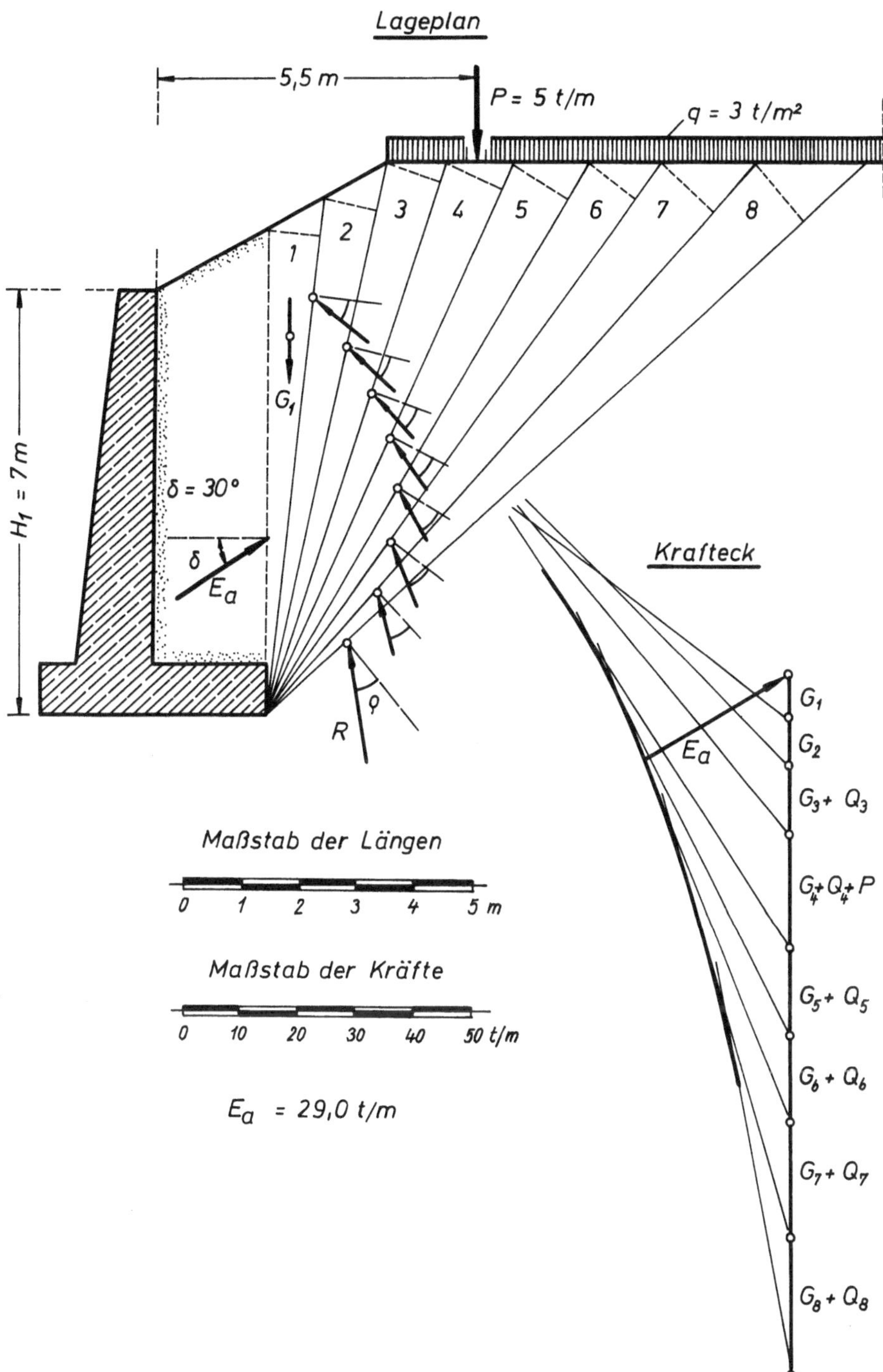

Abb. 1.22   Ermittlung der resultierenden aktiven Erddruckkraft nach ENGESSER.

Aufgabe 10 Aktiver Erddruck nichtbindiger Böden auf eine Stützmauer nach CULMANN

Wie groß ist für die Winkelstützmauer der Aufgabe 9 die resultierende aktive Erddruckkraft nach dem graphischen Verfahren von CULMANN?

Grundlagen

CULMANN (1866) hat ein graphisches Verfahren zur Bestimmung des aktiven Erddruckes nichtbindiger Böden angegeben, das weite Verbreitung gefunden hat. Wenn der Wandreibungswinkel δ und der Reibungswinkel des Bodens ϱ bekannt sind, so erhält man für einen beliebig gewählten Erdkeil die in Abb. 1.23a dargestellten Kräfte und ihre Wirkungslinien. Der Vektor E_a bildet im Krafteck (Abb. 1.23b) mit dem Vektor G den Winkel ψ und der Vektor R mit dem Vektor G den Winkel $(\delta - \varrho)$.

Das gleiche Krafteck bde läßt sich auch unmittelbar im Lageplan darstellen (Abb. 1.23c). Wiederholt man dieses Verfahren für mehrere verschieden große Erdkeile, so erhält man verschiedene Vektoren E_a, und die Punkte e der Kraftecke lassen sich zu einer Kurve miteinander verbinden. Die maximale resultierende aktive Erddruckkraft läßt sich unmittelbar aus dieser Kurve abgreifen.

Das Verfahren läßt sich auch anwenden, wenn auf der Geländeoberfläche Linienlasten oder gleichmäßig verteilte Nutzlasten wirksam sind.

Wenn derartige gleichmäßig verteilte Nutzlasten nicht die gesamte Geländeoberfläche bedecken und wenn Linienlasten wirksam werden, so ist der Verlauf der Culmannschen Kurve nicht mehr stetig, wie auch das hier behandelte Anwendungsbeispiel zeigt (Abb. 1.24).

Lösung

Die resultierende aktive Erddruckkraft ist in Abb. 1.24 graphisch nach dem Verfahren von CULMANN ermittelt. Für die Lösung nach CULMANN können die gleichen Werte verwendet

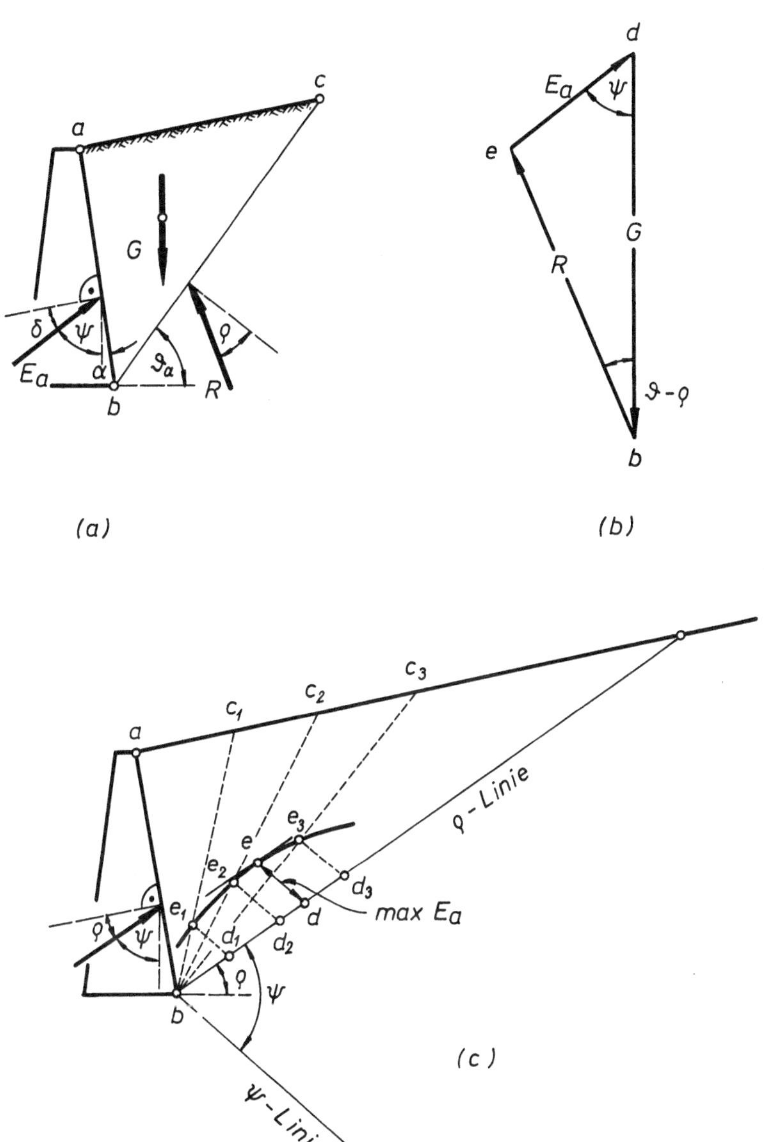

Abb. 1.23 Grundlagen des graphischen Verfahrens
von CULMANN zur Ermittlung der resultierenden
aktiven Erddruckkraft.

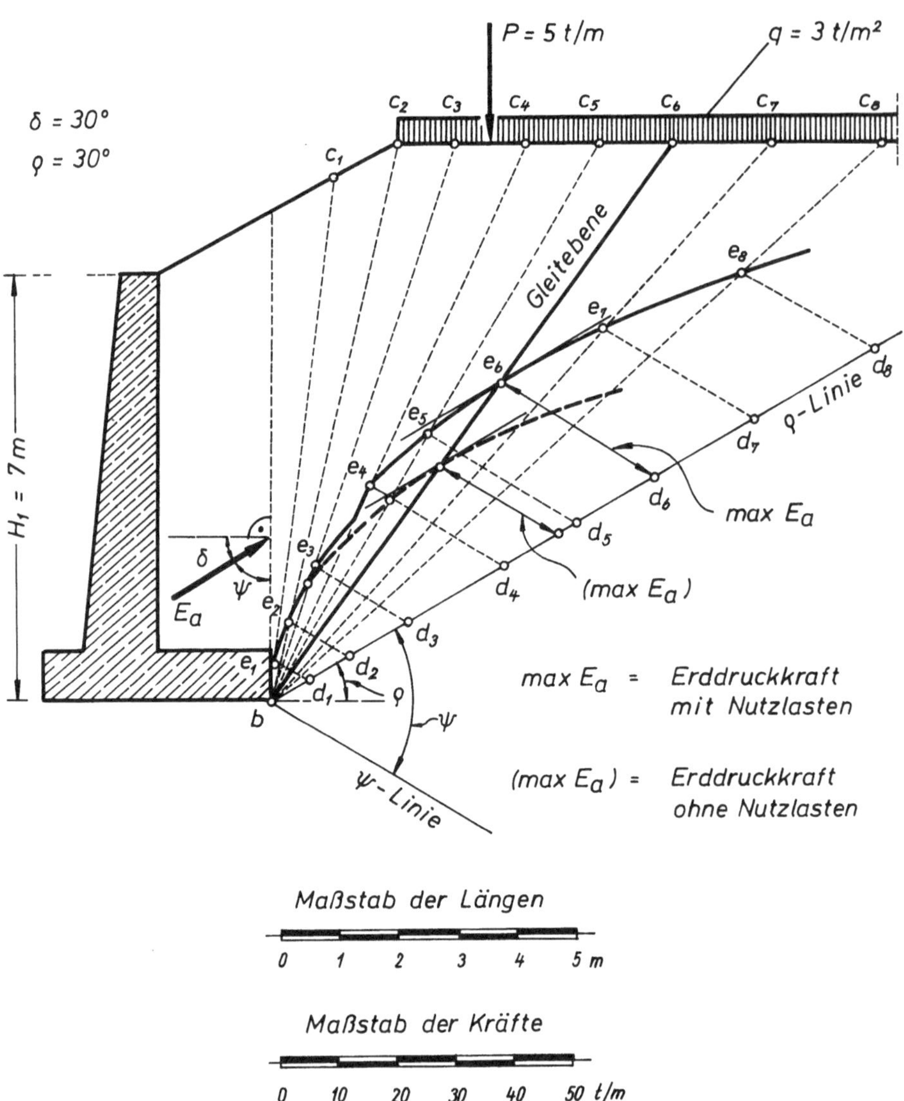

Abb. 1.24 Graphische Ermittlung der resultierenden
aktiven Erddruckkraft nach CULMANN.

werden, die in der Tab. 1.1 zur Lösung der Aufgabe 9 ermittelt wurden. Das Gewicht G_1 entspricht zum Beispiel der Strecke $\overline{bd_1}$ in Abb. 1.24.

Die maximale resultierende aktive Erddruckkraft ist nach der graphischen Lösung von CULMANN:

$$\max E_a \;=\; 29,0 \ t/m$$

und deckt sich exakt mit dem Ergebnis der Berechnung nach ENGESSER in der Aufgabe 9.

Ergebnisse

Wenn die Einzellast und die gleichmäßig verteilte Last nicht vorhanden wären, würde die Culmannsche Kurve den Verlauf haben, der durch die dicke gestrichelte Kurve in Abb. 1.24 wiedergegeben ist. In diesem Falle wäre die resultierende aktive Erddruckkraft:

$$\max E_a \;=\; 23,0 \ t/m.$$

Infolge der Auflasten wird die resultierende aktive Erddruckkraft um $\Delta E_a = 6,0 \ t/m$ größer.

Der Abb. 1.24 entnimmt man gleichzeitig, daß die Lage der Gleitebene durch die Auflasten nicht deutlich verändert wird. Liegt eine Linienlast links der Gleitebene, so läßt sich zeigen, daß ihre Lage keinen Einfluß auf die Größe der zusätzlichen Erddruckkraft ΔE_a hat. Liegt eine Linienlast rechts der Gleitebene, so wird ihr Einfluß um so kleiner, je weiter sie von der Gleitebene entfernt ist.

Aufgabe 11 Einfluß des Grundwassers und verschiedener Bodenschichten auf den aktiven Erddruck

Abb. 1.25 zeigt eine Winkelstützmauer, deren Hinterfüllung aus drei verschiedenen Bodenschichten besteht. Der Grundwasserspiegel befindet sich in einer Tiefe von 3,0 m unter der Geländeoberfläche.

Wie groß ist die resultierende aktive Erddruckkraft?

Wo greift sie an der Winkelstützmauer an?

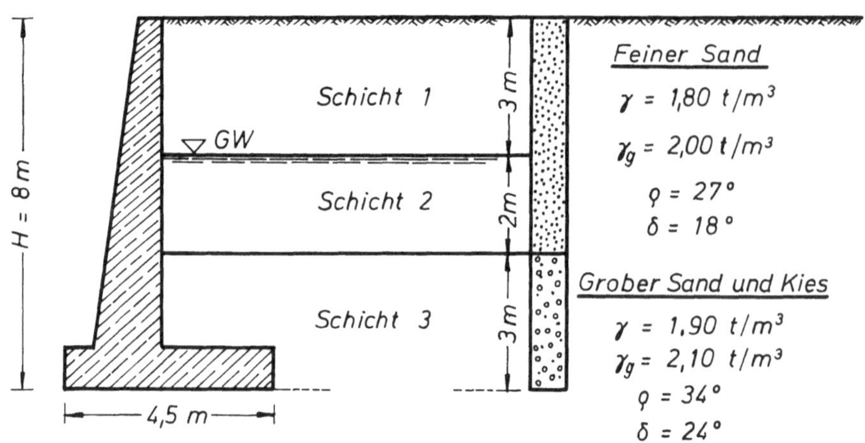

Abb. 1.25 Querschnitt durch eine Winkelstützmauer
mit einer Hinterfüllung aus verschiedenen Bodenschichten.

Grundlagen

Wenn zwei Bodenschichten mit verschiedenen Raumgewichten
hinter einer Stützmauer anstehen, so läßt sich der aktive
Erddruck nach dem Schema der Abb. 1.26 ermitteln. Man bestimmt zunächst die Erddruckverteilung unter der Annahme,
daß nur die Schicht A vorhanden sei, und erhält die lineare
Spannungsverteilung der Abb. 1.26a, die durch die Gerade
$\overline{cb}$ wiedergegeben ist.

Dann ermittelt man die Erddruckverteilung unter der Annahme, daß nur die Schicht B vorhanden sei, und erhält die
lineare Spannungsverteilung der Abb. 1.26b, die durch die
Gerade $\overline{bf}$ wiedergegeben ist.

Die Geraden $\overline{ed}$ und $\overline{af}$ bilden mit der Wandfläche den
Wandreibungswinkel δ . Dort, wo die Gerade $\overline{ed}$ die Spannungslinie $\overline{bc}$ schneidet, befindet sich der Knickpunkt der endgültigen Spannungslinie.

Die Spannungsverteilung aus zwei Bodenschichten mit verschiedenen Raumgewichten nimmt die Form der Abb. 1.26c an,
wenn das Raumgewicht der unteren Schicht größer ist als das

Raumgewicht der oberen Schicht. Hat die untere Schicht dagegen ein kleineres Raumgewicht als die obere Schicht, so ist die Strecke $\overline{df}$ der Spannungslinie steiler geneigt als die Strecke $\overline{bd}$.

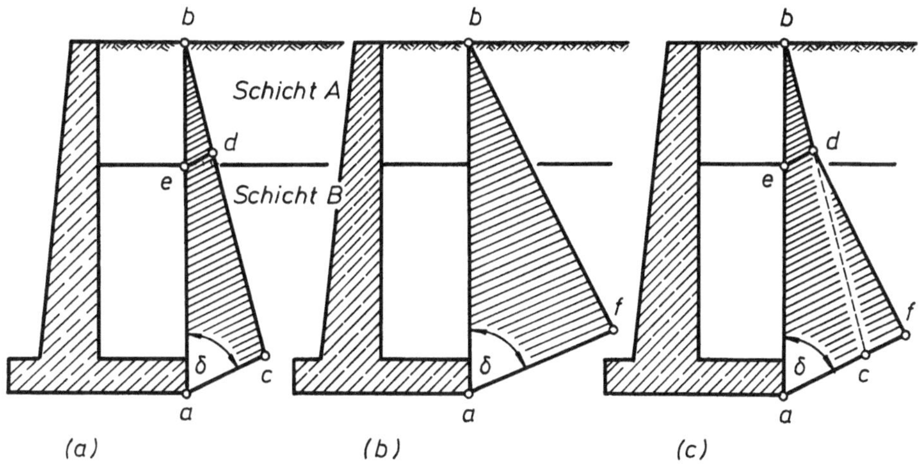

Abb. 1.26 Ermittlung des aktiven Erddruckes aus zwei Bodenschichten mit verschiedenen Raumgewichten.

In gleicher Weise läßt sich auch verfahren, wenn mehr als zwei verschiedene Bodenschichten hinter der Stützmauer vorhanden sind.

Wenn in der Hinterfüllung Grundwasser angetroffen wird, so wird man den aktiven Erddruck unter der ungünstigsten Annahme berechnen, daß das Grundwasser an der Stützmauer nicht abfließen kann, die Oberfläche des Grundwassers also annähernd horizontal verläuft. Jede andere Annahme bei strömendem Grundwasser wird günstigere Erddrücke und Wasserdrücke auf die Mauer ergeben.

Lösung

Die Erddruckordinaten können in diesem Beispiel nach der Gl. (1.9) errechnet werden. Da der Erddruck auf eine vertikale Fläche an der hinteren Kante des Stützwandfußes wirkend angenommen wird, muß anstelle des Wandreibungswinkels δ mit dem Reibungswinkel ϱ gerechnet werden.

Der Abb. 1.41 entnimmt man für:

$$\delta = 27°, \qquad \varrho = 27°, \qquad k = 0,33$$

$$\delta = 34°, \qquad \varrho = 34°, \qquad k = 0,26$$

Für <u>feinen Sand</u> mit $\gamma = 1,8$ t/m^3 ist die maximale Erddruckordinate bei H = 8,0 m:

$$e_{max} = 0,33 \cdot 1,80 \cdot 8,0 = 4,75 \ t/m^2$$

Für <u>feinen Sand unter Wasser</u> ist mit $\gamma_a = 1,0$ t/m^3 die maximale Erddruckordinate bei H = 8,0 m:

$$e_{max} = 0,33 \cdot 1,00 \cdot 8,0 = 2,64 \ t/m^2$$

Für <u>Sand und Kies unter Wasser</u> ist mit $\gamma_a = 1,10$ t/m^3 die maximale Erddruckordinate bei H = 8,0 m:

$$e_{max} = 0,26 \cdot 1,10 \cdot 8,0 = 2,29 \ t/m^2$$

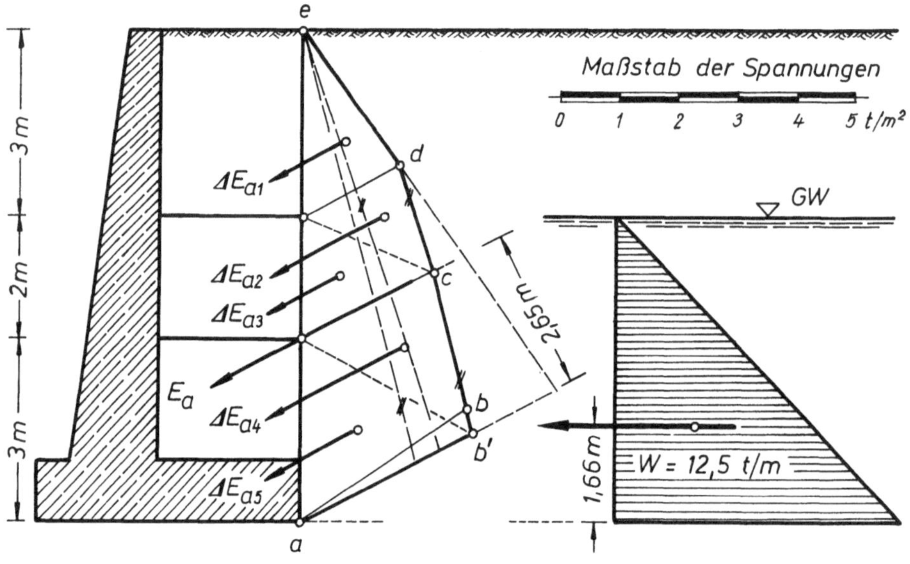

Abb. 1.27 Aktiver Erddruck aus drei verschiedenen
Bodenschichten mit verschiedenen Raumgewichten.

Die Spannungsverteilung aus allen drei Bodenarten ist in Abb. 1.27 nach dem erläuterten Schema ermittelt und durch die Figur ab'cde wiedergegeben. Zur Vereinfachung der Berechnung der resultierenden aktiven Erddruckkraft wird die Figur ab'cde zugrunde gelegt und die Neigung der resultierenden aktiven Erddruckkraft zur Lotrechten mit $\delta = 90-27=63°$ angenommen. Die Bestimmungsstücke für die Berechnung der Erddruckkraft können aus der Abb. 1.27 abgegriffen werden. Es ist:

$$\Delta E_{a1} = 0,5 \cdot 2,80 \cdot 1,80 = 2,52 \quad t/m$$
$$\Delta E_{a2} = 0,5 \cdot 1,80 \cdot 1,80 = 1,62 \quad t/m$$
$$\Delta E_{a3} = 0,5 \cdot 2,50 \cdot 1,75 = 2,19 \quad t/m$$
$$\Delta E_{a4} = 0,5 \cdot 2,50 \cdot 2,70 = 3,38 \quad t/m$$
$$\Delta E_{a5} = 0,5 \cdot 3,30 \cdot 2,60 = 4,29 \quad t/m$$
$$E_a \quad\quad = 14,00 \quad t/m$$

Der Angriffspunkt der resultierenden aktiven Erddruckkraft ergibt sich aus einer Gleichgewichtsbetrachtung aller angreifenden Kräfte. Es ist:

$$14,00 \cdot x = 2,52 \cdot 5,3 + 1,62 \cdot 3,8 + 2,19 \cdot 3,3 + 3,38 \cdot 1,8 + 4,29 \cdot 1,0$$

$$14,00 \cdot x = 13,36 + 6,16 + 7,22 + 6,08 + 4,29 = 37,11 , \quad x = \frac{37,11}{14,00} = 2,65\,m$$

Außer dem Erddruck wirkt auf die Stützwand noch der Wasserdruck. Die resultierende Wasserdruckkraft ist:

$$W = \frac{\gamma \cdot H^2}{2} = \frac{1,0 \cdot 5,0^2}{2} = 12,5\;t/m$$

Sie greift in einer Höhe von 1,66 m über dem Punkt a an.

Aufgabe 12   Numerische Berechnung des aktiven Erddrucks für beliebige Böden

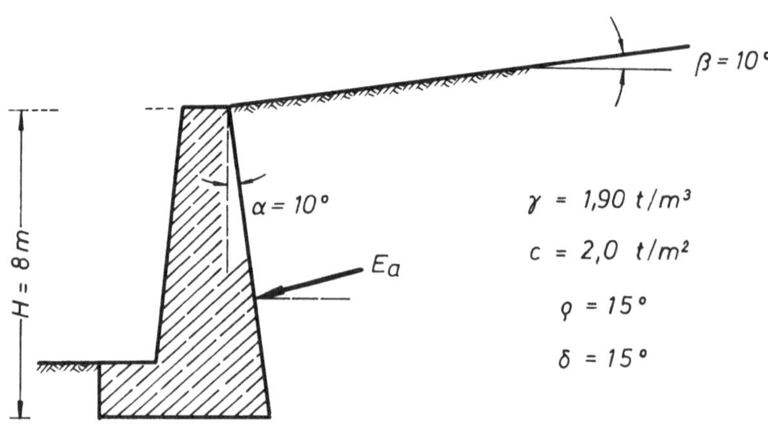

Abb. 1.28   Stützmauer und Hinterfüllung aus bindigem Boden.

Abb. 1.28 zeigt eine Stützmauer mit einer Hinterfüllung aus bindigem Boden. Die bodenmechanischen Kennziffern sind in der Tab. 1.2 zusammengestellt.

Wie groß ist die resultierende aktive Erddruckkraft auf die Stützwand?

Tabelle 1.2   Bodenmechanische Kennziffern.

ϱ	β	δ	α	$\xi = \delta + \alpha$	$\varphi = 90 - \varrho - \theta$	$\varphi - \xi$	γ	c	H	N_c
				$\xi = \delta - \alpha$	$\varphi = 90 + \varrho - \theta$					
Grad				Grad	Grad	Grad	t/m^3	t/m^2	m	—
15	10	15	10	25	$75 - \theta$	$50 - \theta$	1,90	2,00	8,00	0,132
				5	$10 - \theta$					

Grundlagen

Für die Berechnung des aktiven und passiven Erddrucks steht, wie die vorangegangenen Anwendungsbeispiele gezeigt haben, eine Vielfalt von Formeln, Verfahren und Tabellen zur Verfügung, die aber je nach ihrer Art nur unter bestimmten Bedingungen anwendbar sind. Die jeweiligen Anwendungsbedingungen sind nachstehend übersichtlich zusammengestellt.

a) <u>RANKINE (1856)</u>
   Bedingungen für nicht-
   bindige Böden: Der Wandreibungswinkel δ
                                     muß ebenso groß sein wie der
                                     Böschungswinkel β ($\beta = \delta$).

                                     Die Wand muß vertikal sein
                                     ($\alpha = 0$).

                                     Ebene Gleitflächen.

   Bedingungen für bin-
   dige Böden: Wandreibungswinkel $\delta = 0$,
                                     Böschungswinkel $\beta =$ 0.
                                     Die Wand muß vertikal sein
                                     ($\alpha = 0$).
                                     Ebene Gleitflächen.

b) <u>COULOMB (1773)</u>   Nur für nichtbindige Böden.
                                     Ebene Gleitflächen.

c) <u>REBHANN (1871)</u>   Nur für nichtbindige Böden.
                                     Ebene Gleitflächen.

d) <u>PONCELET (1840)</u>   Nur für nichtbindige Böden.
                                     Ebene Gleitflächen.

e) <u>ENGESSER (1880)</u>   Nur für nichtbindige Böden.
                                     Ebene Gleitflächen.

f) <u>CULMANN (1866)</u>   Nur für nichtbindige Böden.
                                     Ebene Gleitflächen.

g) <u>SOKOLOVSKI (1956)</u>   Nur für nichtbindige Böden.
                                     Gekrümmte Gleitflächen.

h) <u>VERSCHIEDENE VERFASSER</u>   Graphische Lösungen für be-
                                     liebige Bodenarten.
                                     Gekrümmte Gleitflächen.

Diese Vielfalt von Verfahren und einschränkenden Anwendungsbedingungen führt immer wieder zu Irrtümern und nicht selten zu Schäden von erheblichem Ausmaß. Die Bodenmechanik ist daher seit ihren Anfängen auf der Suche nach theoretischen und empirischen Zusammenhängen, die die tatsächlich vorhandenen Spannungs- und Formänderungszustände möglichst analytisch und in einheitlicher Form erfassen lassen.

Die hier gegebene analytische Lösung ist so entwickelt worden, daß sie unter allen nachstehend genannten Bedingungen anwendbar ist:

a)	Wandreibungswinkel	$\delta = 0$	und	$\delta \leqq 0$
b)	Böschungswinkel	$\beta = 0$	und	$\beta \leqq 0$
c)	Wandwinkel	$\alpha = 0$	und	$\alpha \leqq 0$
d)	Kohäsion	$c \geqq 0$		
e)	Reibungswinkel	$\varphi \geqq 0$		

Die Lösung baut auf der Coulombschen Erddrucktheorie auf und schließt die Rankineschen Sonderfälle mit ein.

In zahllosen Berechnungen und Messungen wurde in der Vergangenheit nachgewiesen, daß die Annahme ebener Gleitflächen im Falle aktiven Erddrucks nur unwesentliche Abweichungen von den genaueren Ergebnissen bei Annahme gekrümmter Gleitflächen ergibt. Für den aktiven Erddruck kann der hier vorgeschlagene Weg daher ohne Einschränkung beschritten werden.

Für den passiven Erddruck hat TERZAGHI (1936) nachgewiesen, daß ebene Gleitflächen nur anwendbar sind und unbedeutende Abweichungen ergeben, solange $\delta \leqq \frac{1}{3}\varphi$ ist. Wenn $\delta > \frac{1}{3}\varphi$ ist, wird der Erdwiderstand zu groß errechnet. Die Abweichungen vom tatsächlichen Erdwiderstand können bis zu 30 % betragen.

Der Vorteil der hier gegebenen analytischen Lösung sollte deswegen jedoch nicht ungenutzt bleiben. Man wird hinreichend sichere Ergebnisse erzielen, wenn man in solchen Fällen den rechnerischen passiven Erddruck je nach der Größe des Wandreibungswinkels reduziert.

Wenn eine Stützmauer sich infolge des wirkenden Erddruckes um ihren hinteren Fußpunkt dreht, so bildet sich

unter Annahme einer ebenen Gleitfläche hinter der Mauer
der in Abb. 1.29 dargestellte Erdkeil aus. Die Gleitfläche
bildet mit der Wand den Winkel $\theta + \alpha$, und es greifen an dem
Erdkeil die Kräfte an, die in Abb. 1.29 eingetragen sind.
Der Winkel θ wird im weiteren Verlauf Gleitwinkel genannt
und gibt die Neigung der Gleitfläche zur Lotrechten an. Mit
α ist die Neigung der Wand zur Lotrechten bezeichnet.

Für einen bestimmten Gleitwinkel, den sogenannten kriti-
schen Gleitwinkel $\theta = \theta_{crit}$, wird der aktive Erddruck E_a ein
Maximum erreichen.

Die Kräfte der Abb. 1.29 müssen miteinander im Gleichgewicht stehen. Die Gleichgewichtsbedingung ist durch das
Krafteck (Abb. 1.30) dargestellt. Aus dem Krafteck läßt
sich die Größe der aktiven Erddruckkraft als Funktion der
übrigen angreifenden Kräfte darstellen. Abb.1.31a zeigt das
untere Dreieck des Kraftecks abc. Man liest aus diesem Dreieck folgende Beziehungen ab:

$$\overline{af} \; = \; C \cdot \cos\theta \qquad\qquad (t/m) \quad (1.31)$$

$$\overline{fc} \; = \; C \cdot \sin\theta \cdot ctg\,\varphi \qquad\qquad (t/m) \quad (1.32)$$

$$\overline{ac} = \overline{af} + \overline{fc} \; = \; C \cdot \cos\theta + C \cdot \sin\theta \cdot ctg\,\varphi \qquad (t/m) \quad (1.33)$$

$$\overline{ac} \; = \; C \cdot \cos\theta \cdot (1 + tg\theta \cdot ctg\,\varphi) \qquad (t/m) \quad (1.34)$$

Die Strecke $\overline{ec}$ in Abb. 1.30 ist mit:

$$\overline{ae} \; = \; G \qquad\qquad (t/m) \quad (1.35)$$

$$\overline{ec} \; = \; \overline{ae} - \overline{ac} \; = \; G - C \cdot \cos\theta \cdot (1 + tg\theta \cdot ctg\,\varphi)(t/m) \quad (1.36)$$

Aus dem oberen Dreieck des Kraftecks cde liest man
folgende Beziehungen ab (Abb. 1.31b):

$$\overline{ge} \; = \; \overline{ec} \; \sin\varphi \qquad\qquad (t/m) \quad (1.37)$$

$$E_a = \overline{de} \; = \; \frac{\overline{ge}}{\cos(\varphi - \xi)} \qquad (t/m) \quad (1.38)$$

$$\xi = \delta + \alpha \qquad\qquad\qquad (1.39)$$

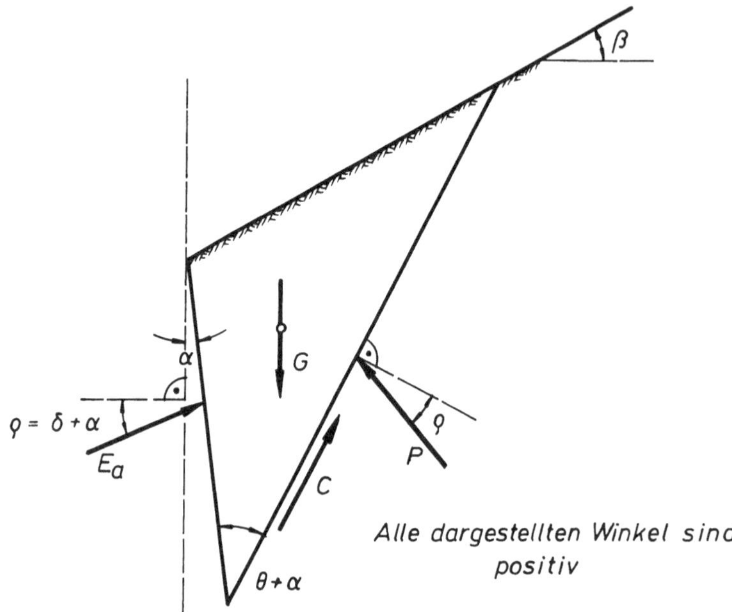

Abb. 1.29   Gleitkeil mit den angreifenden Kräften
bei aktivem Erddruck.

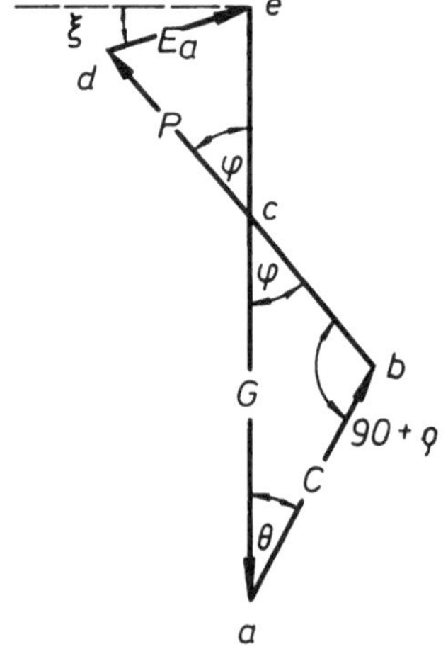

Abb. 1.30   Krafteck aus den Kräften bei aktivem
Erddruck.

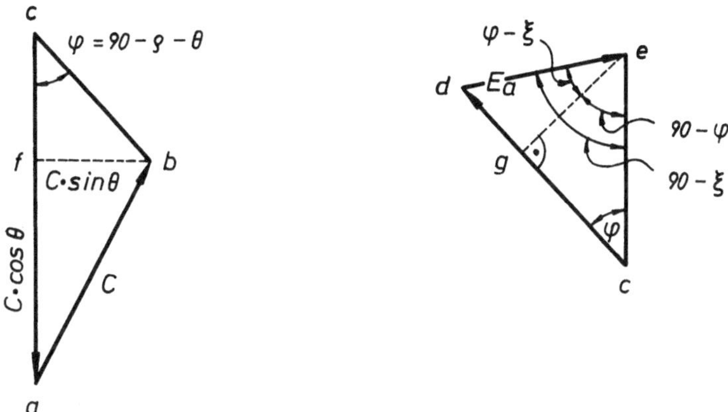

Abb. 1.31a Ermittlung der Strecke $\overline{ac}$.   **Abb. 1.31b Ermittlung der Strecke $\overline{de}$.**

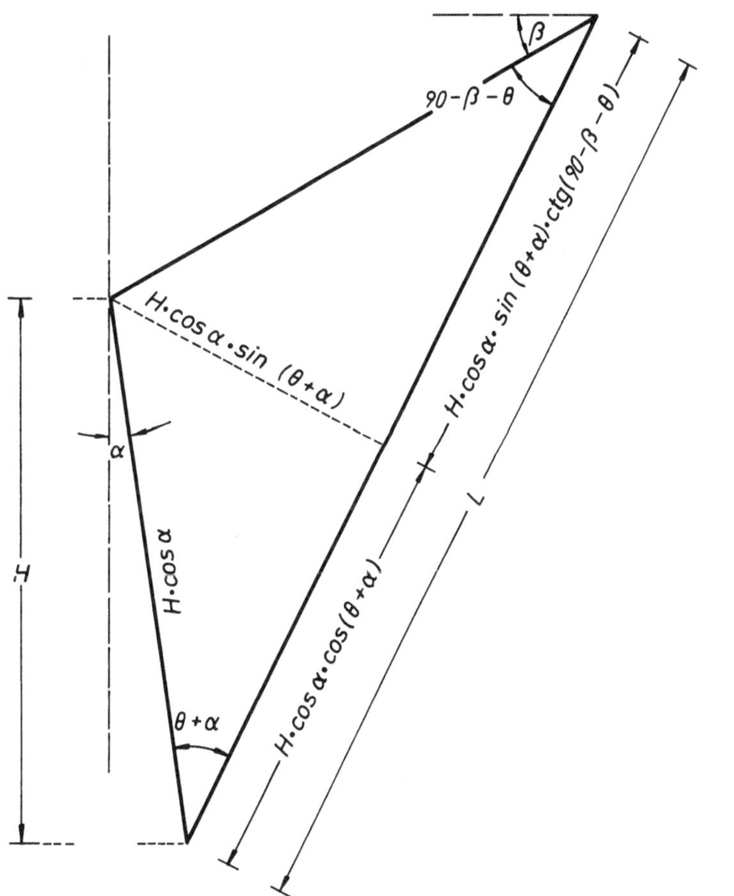

Abb. 1.32 Bestimmung von G und L.

Die Gl. (1.36) und (1.37) in die Gl. (1.38) eingesetzt, ergibt:

$$E_a = \frac{\sin\varphi \cdot \left[G - C \cdot \cos\theta \cdot (1 + tg\,\theta \cdot ctg\,\varphi\,) \right]}{\cos(\varphi - \xi)} \qquad (t/m) \qquad (1.40)$$

Aus der Abb. 1.32, die den Erdkeil darstellt, liest man folgende Beziehungen ab:

$$L = H \cdot \cos\alpha \cdot \cos(\theta+\alpha) + H \cdot \cos\alpha \cdot \sin(\theta+\alpha) \cdot ctg(90-\beta-\theta) \quad (m) \qquad (1.41)$$

$$G = \frac{1}{2} \cdot \gamma \cdot L \cdot H \cdot \cos\alpha \cdot \sin(\theta+\alpha) \qquad (t/m) \qquad (1.42)$$

Die Gl. (1.41) und (1.42) in die Gl. (1.40) eingesetzt, ergibt:

$$C = c \cdot L \qquad (t/m) \qquad (1.43)$$

$$E_a = \left[\gamma \cdot H \cdot \cos\alpha \cdot \sin(\theta+\alpha) - 2c \cdot \cos\theta (1 + tg\theta\,ctg\varphi) \right] \cdot \frac{L \cdot \sin\varphi}{2\cos(\varphi-\xi)} \; (t/m) \qquad (1.44)$$

In der Gl. (1.44) bedeuten:

$$L \;= H \cdot \cos\alpha \cdot \cos(\theta+\alpha) \cdot \left[1 + tg(\theta+\alpha) \cdot ctg(90-\beta-\theta) \right] \qquad (m) \qquad (1.45)$$

$\alpha \;=\;$ Neigung der Wand zur Lotrechten

$\theta \;=\;$ Neigung der Gleitebene zur Lotrechten

$\varrho \;=\;$ Reibungswinkel

$\delta \;=\;$ Wandreibungswinkel

$\varphi \;=\; 90 - \varrho - \theta$

$\xi \;=\; \delta + \alpha$

$\gamma \;=\;$ Raumgewicht in t/m^3

$c \;=\;$ Kohäsion in t/m^2

Führt man den Stabilitätsbeiwert $N_c = c/(\gamma \cdot H)$ in die Gl. (1.44) ein, so ist:

$$E_a = \frac{\gamma \cdot H^2}{2} \left[\cos\alpha \cdot \sin(\theta+\alpha) - 2 \cdot N_c \cdot \cos\theta \cdot (1 + tg\,\theta \cdot ctg\,\varphi) \right] \cdot$$

$$\cdot \cos\alpha \cdot \cos(\theta+\alpha) \left[1 + tg(\theta+\alpha) \cdot ctg(90-\beta-\theta) \right] \cdot \frac{\sin\varphi}{\cos(\varphi-\xi)} \qquad (t/m) \qquad (1.46)$$

Setzt man:

$$u = \cos\alpha \cdot \sin(\theta+\alpha) - 2 \cdot N_c \cdot \cos\theta \cdot (1 + tg\theta \cdot ctg\,\varphi) \qquad (1.47)$$

$$v = \cos\alpha \cdot \cos(\theta+\alpha)\cdot\left[1 + tg\,(\theta+\alpha)\cdot ctg\,(90-\beta-\theta)\right]\frac{\sin\varphi}{\cos(\varphi-\xi)} \qquad (1.48)$$

$$k_a = u \cdot v \qquad\qquad\qquad\qquad (1.49)$$

so ist:

$$E_a = \frac{\gamma \cdot H^2}{2} \cdot k_a \qquad\qquad (t/m)\ (1.50)$$

wenn $\theta = \theta_{crit}$ ist, das heißt, wenn k_a ein Maximum wird.

Aus einer Extremwertbetrachtung der Gl. (1.49) läßt sich, wie man sofort erkennen kann, das Maximum von k_a rechnerisch nicht ermitteln, da der Winkel θ nicht explizit dargestellt werden kann. Das Maximum von k_a muß daher numerisch bestimmt werden.

Es genügt, den Winkel θ in Intervallen von 5° in die Gleichungen einzuführen, um ein hinreichend genaues Resultat zu erzielen.

Setzt man in der Gl. (1.46) $\alpha = 0$ und $\beta = 0$, so stimmt das Ergebnis mit einer Berechnung nach der Rankineschen Formel:

$$E_a = \frac{\gamma \cdot H^2}{2} \cdot tg^2\,(45° - \varphi/2) - 2\cdot c\cdot H\cdot tg\,(45° - \varphi/2) \qquad (t/m)\ (1.51)$$

exakt überein.

Setzt man in der Gl. (1.46) $N_c = 0$, so stimmt das Ergebnis mit einer Berechnung nach der Coulombschen Formel für den aktiven Erddruck [Gl. (1.6)] exakt überein.

Im allgemeinen liegt der kritische Gleitwinkel θ_{crit} im Bereich $20° \leqq \theta \leqq 60°$. Der Rechenaufwand ist, wie das Beispiel zeigt, gering und in der dargestellten Form übersichtlich und schnell zu prüfen.

Lösung

Mit den bodenmechanischen Kennziffern der Tab. 1.2 sind in der Tab. 1.3 die Winkelfunktionen aller Ausdrücke mit θ

Tabelle 1.3 Winkelfunktionen der Ausdrücke mit θ .

θ (Grad)	$ctg\,\theta$	$tg\,\theta$	$ctg\,\varphi$ $ctg(75-\theta)$	$cos(\theta+\alpha)$ $cos(\theta+10)$	$sin(\theta+\alpha)$ $sin(\theta+10)$	$tg(\theta+\alpha)$ $tg(\theta+10)$	$ctg(90-\beta-\theta)$ $ctg(80-\theta)$	$sin\,\varphi$ $sin(75-\theta)$	$cos(\varphi-\xi)$ $cos(50-\theta)$
20	0,939	0,364	0,700	0,866	0,500	0,577	0,577	0,819	0,866
25	0,906	0,466	0,839	0,819	0,574	0,700	0,700	0,766	0,906
30	0,866	0,577	1,000	0,766	0,643	0,839	0,839	0,707	0,939
35	0,819	0,700	1,192	0,707	0,707	1,000	1,000	0,643	0,966
40	0,766	0,839	1,428	0,643	0,766	1,192	1,192	0,574	0,985
45	0,707	1,000	1,732	0,574	0,819	1,428	1,428	0,500	0,996
50	0,643	1,192	2,145	0,500	0,866	1,732	1,732	0,423	1,000

Tabelle 1.4 Ermittlung von u.

θ	$0{,}985 \cdot \sin(\theta + \alpha)$	$0{,}264 \cdot \cos\theta$	$1 + tg\,\theta \cdot ctg\,\varphi$	③ × ④	$u =$ ② − ③ × ④
①	②	③	④	⑤	⑥
20°	0,493	0,248	1,255	0,311	0,182
25°	0,565	0,239	1,391	0,332	0,233
30°	0,633	0,229	1,577	0,361	0,272
35°	0,696	0,216	1,834	0,396	0,300
40°	0,755	0,202	2,198	0,444	0,311
45°	0,807	0,187	2,732	0,511	0,296
50°	0,853	0,169	3,557	0,601	0,252

Tabelle 1.5 Ermittlung von v.

θ	$0{,}985 \cdot \cos(\theta + \alpha)$	$1 + tg(\theta + \alpha) \cdot ctg(90 - \beta - \theta)$	$\dfrac{\sin \varphi}{\cos(\varphi - \xi)}$	$v = ②\times③\times④$
①	②	③	④	⑤
20°	0,853	1,333	0,946	1,076
25°	0,807	1,490	0,845	1,016
30°	0,755	1,704	0,753	0,968
35°	0,696	2,000	0,666	0,927
40°	0,633	2,421	0,583	0,893
45°	0,565	3,039	0,502	0,862
50°	0,493	4,000	0,423	0,834

berechnet. In den Tab. 1.4, 1.5 und 1.6 ist der Einflußwert k_a nach den Gl. (1.47) bis (1.49) ermittelt. Aus der Tab. 1.6 entnimmt man das Maximum für k_a und erhält mit der Gl. (1.50):

$$E_a = \frac{1,90 \cdot 64,0}{2} \cdot 0,28 = 17,02 \ t/m$$

Der Gleitwinkel ist:

$$\theta \approx 37,5°$$

Wenn keine Wandreibung vorhanden wäre und das Gelände horizontal verliefe, wäre nach RANKINE der Gleitwinkel genauso groß. Der aktive Erddruck wäre:

$$E_a = \frac{\gamma \cdot H^2}{2} \cdot tg^2 \, 37,5 \ - 2 \cdot c \cdot H \cdot tg \, 37,5$$

$$E_a = 35,75 - 24,54 \ = 11,21 \ t/m$$

Tabelle 1.6   Ermittlung von k_a.

θ	u	v	$k_a = u \cdot v$	Bemerkungen
20°	0,182	1,076	0,196	
25°	0,233	1,016	0,237	
30°	0,272	0,968	0,263	
35°	0,300	0,927	0,278	Maximum
40°	0,311	0,893	0,278	Maximum
45°	0,296	0,862	0,255	
50°	0,252	0,834	0,210	

Ergebnisse

Infolge der Neigung des Geländes und der Wandreibung wird die resultierende aktive Erddruckkraft um etwa 50 %

größer. Wandreibung und Geländeneigung haben also einen erheblichen Einfluß auf die Größe des Erddruckes.

Wenn die numerische Berechnung für k_a kein Maximum ergibt, dann ist der Stabilitätsbeiwert N_c zu klein eingesetzt, das heißt, die Böschung ist in der vorgesehenen Form an sich nicht standsicher.

Wenn $k_a \leqq 0$ ist, dann sind Reibung und Kohäsion so groß, daß keine Gleitfläche entstehen kann und somit auch kein Erddruck möglich ist.

Aufgabe 13   Numerische Berechnung des passiven Erddrucks für beliebige Böden

Wie groß ist die resultierende passive Erddruckkraft für die Stützmauer der Abb. 1.28 und die bodenmechanischen Kennziffern der Tab. 1.2 ?

Grundlagen

Wenn eine Wand gegen die Hinterfüllung verschoben wird, so bildet sich unter der Annahme ebener Gleitflächen hinter der Wand der in Abb. 1.33 dargestellte Erdkeil aus. In diesem Falle wird für den kritischen Gleitwinkel θ_{crit} die resultierende passive Erddruckkraft E_p ein Minimum erreichen.

Die Kräfte der Abb. 1.33 müssen miteinander im Gleichgewicht stehen. Die Gleichgewichtsbedingung ist durch das Krafteck in Abb. 1.34 dargestellt. Aus diesem Krafteck läßt sich die Größe der resultierenden passiven Erddruckkraft als Funktion der übrigen angreifenden Kräfte darstellen.

In Abb. 1.34 sind die Strecken $\overline{ad}$ und $\overline{bc}$ so weit verlängert, daß sie sich im Punkt e schneiden. Aus dem so entstehenden Dreieck abe liest man bei Anwendung des Sinussatzes folgende Beziehung ab:

$$\frac{E_p}{\sin(90+\varrho-\theta)} = \frac{\overline{ce}}{\sin(\theta-\varrho-\xi)} \qquad (1.52)$$

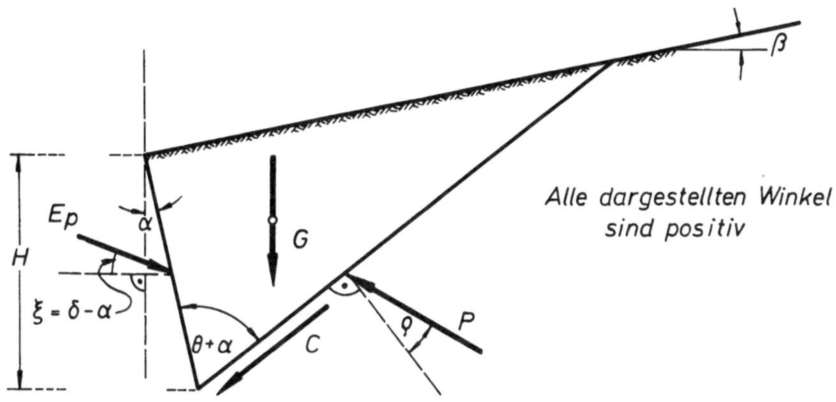

Abb. 1.33 Gleitkeil mit den angreifenden Kräften
bei passivem Erddruck.

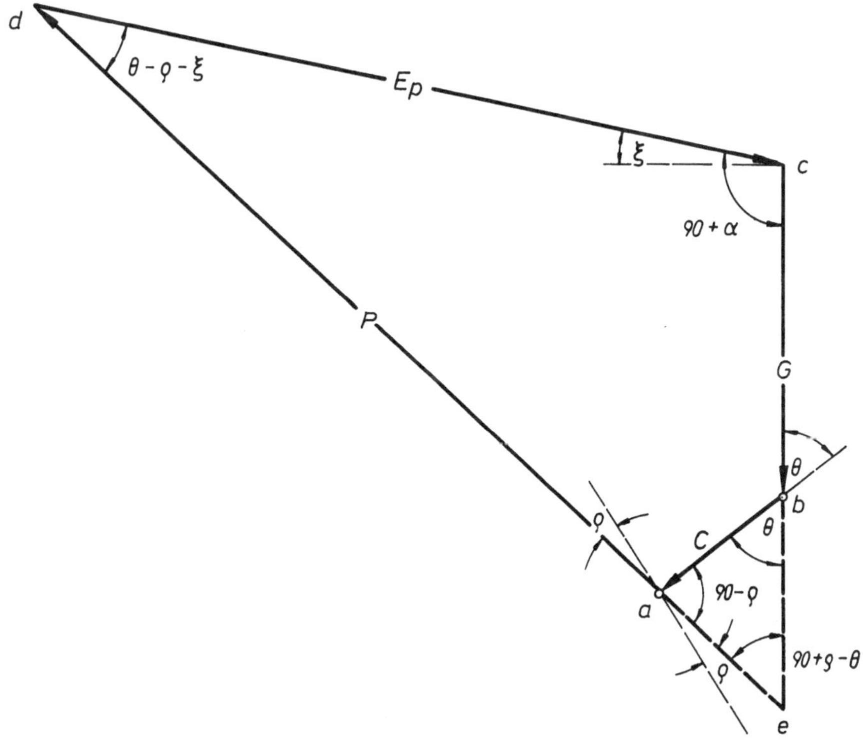

Abb. 1.34 Krafteck aus den Kräften bei passivem
Erddruck.

$$E_p = \overline{ce} \cdot \frac{\sin(90+\varrho-\theta)}{\sin(\theta-\varrho-\xi)} \qquad (t/m) \quad (1.53)$$

$$\frac{C}{\sin(90+\varrho-\theta)} = \frac{\overline{be}}{\sin(90-\varrho)} \qquad (1.54)$$

$$\overline{be} = C \cdot \frac{\sin(90-\varrho)}{\sin(90+\varrho-\theta)} \qquad (t/m) \quad (1.55)$$

$$\overline{ce} = \overline{cb} + \overline{be} = G + \overline{be} \qquad (t/m) \quad (1.56)$$

$$\overline{ce} = G + C \cdot \frac{\sin(90-\varrho)}{\sin(90+\varrho-\theta)} \qquad (t/m) \quad (1.57)$$

Die Gl. (1.57) in die Gl. (1.53) eingesetzt, ergibt:

$$E_p = G \cdot \frac{\sin(90+\varrho-\theta)}{\sin(\theta-\varrho-\xi)} + C \cdot \frac{\sin(90-\varrho)}{\sin(\theta-\varrho-\xi)} \qquad (t/m) \quad (1.58)$$

$$E_p = \frac{1}{\sin(\theta-\varrho-\xi)} \cdot \left[G \cdot \sin(90+\varrho-\theta) + C \cdot \sin(90-\varrho) \right] \qquad (t/m) \quad (1.59)$$

Die Gl. (1.41) und (1.42) gelten auch für den passiven Erddruck. Die Gl. (1.41) und (1.42) in die Gl.(1.59) eingesetzt, ergibt nach weiterer Umformung und unter Verwendung des Stabilitätsbeiwertes N_c:

$$E_p = \frac{\gamma \cdot H^2}{2} \cdot \left[\cos\alpha \cdot \sin(\theta+\alpha) \cdot \sin(90+\varrho-\theta) + 2 \cdot N_c \cdot \sin(90-\varrho) \right] \cdot$$

$$\cdot \cos\alpha \cdot \cos(\theta+\alpha) \cdot \left[1 + tg(\theta+\alpha) \cdot ctg(90-\beta-\theta) \right] \cdot \frac{1}{\sin(\theta-\varrho-\xi)} \qquad (t/m) \quad (1.60)$$

Setzt man auch hier wieder:

$$u = \cos\alpha \cdot \sin(\theta+\alpha) \cdot \sin(90+\varrho-\theta) + 2 \cdot N_c \cdot \sin(90-\varrho) \qquad (1.61)$$

$$v = \cos\alpha \cdot \cos(\theta+\alpha) \cdot \left[1 + tg(\theta+\alpha) \cdot ctg(90-\beta-\theta) \right] \cdot \frac{1}{\sin(\theta-\varrho-\xi)} \qquad (1.62)$$

$$k_p = u \cdot v \qquad (1.63)$$

so ist:

$$E_p = \frac{\gamma \cdot H^2}{2} \cdot k_p \, , \qquad (t/m) \quad (1.64)$$

wenn $\theta = \theta_{crit}$ ist, das heißt, wenn k_p ein Minimum wird.

Wenn Wandreibung vorhanden ist, wird der passive Erddruck unter der Annahme ebener Gleitflächen zu groß errechnet. Der Fehler nimmt annähernd linear mit dem Wandreibungwinkel δ zu und erreicht nach TERZAGHI (1936) maximal etwa 30 %. Aus diesem Grunde muß der rechnerische passive Erddruck, den man aus der Gl. (1.64) erhält, je nach der Größe des Wandreibungswinkels reduziert werden. Der Reduktionsfaktor ist:

$$\omega = 1 - \frac{\delta}{\varrho} \cdot 0{,}30 \tag{1.65}$$

Die Gl. (1.65) drückt aus, daß der passive Erddruck graduell um 0 bis 30 % reduziert wird, wenn $0 \leqq \delta \leqq \varrho$ ist. Die Gl. (1.65) in die Gl. (1.64) eingesetzt, ergibt:

$$E_p = \frac{\gamma \cdot H^2}{2} \cdot \omega \cdot k_p \qquad \text{(t/m)} \tag{1.66}$$

Setzt man in der Gl. (1.60) $\beta = 0$ und $\alpha = 0$, so stimmt das Ergebnis mit einer Berechnung nach der Rankineschen Formel für passiven Erddruck:

$$E_p = \frac{\gamma \cdot H^2}{2} \cdot tg^2 \left(45° + \frac{\varrho}{2}\right) + 2 \cdot c \cdot H \cdot tg \left(45° + \frac{\varrho}{2}\right) \qquad \text{(t/m)} \tag{1.67}$$

exakt überein.

Setzt man in der Gl. (1.60) den Stabilitätsbeiwert $N_c = 0$, so stimmt das Ergebnis mit einer Berechnung nach der Coulombschen Formel für passiven Erddruck Gl. (1.10) exakt überein.

Im allgemeinen liegt der kritische Gleitwinkel θ_{crit} im Bereich von 45° bis 70°.

<u>Lösung</u>

In der Tabelle 1.7 sind die Winkelfunktionen aller Ausdrücke mit θ berechnet. In den Tab.1.8 bis 1.10 ist der Einflußwert k_p nach den Gl. (1.61) bis (1.63) ermittelt. Der Tab. 1.10 entnimmt man das Minimum:

$$k_p = 3{,}76$$

Tabelle 1.7   Winkelfunktionen der Ausdrücke mit θ .

θ (Grad)	$\sin(\theta+\alpha)$ $\sin(\theta+10)$	$\sin(90+\varrho-\theta)$ $\sin(105-\theta)$	$\cos(\theta+\alpha)$ $\cos(\theta+10)$	$tg(\theta+\alpha)$ $tg(\theta+10)$	$ctg(90-\beta-\theta)$ $ctg(80-\theta)$	$\sin(\theta-\varrho-\xi)$ $\sin(\theta-20)$
40	0,766	0,906	0,643	1,192	1,192	0,342
45	0,819	0,866	0,574	1,428	1,428	0,423
50	0,866	0,819	0,500	1,732	1,732	0,500
55	0,906	0,766	0,423	2,145	2,145	0,574
60	0,939	0,707	0,342	2,747	2,747	0,643
65	0,966	0,643	0,259	3,732	3,732	0,707
70	0,985	0,574	0,174	5,671	5,671	0,766

Tabelle 1.8 Ermittlung von v.

θ	$0{,}985 \cdot \cos(\theta+\alpha)$	$1 + tg(\theta+\alpha)\cdot ctg(90-\beta-\theta)$	$\dfrac{1}{\sin(\theta-\varrho-\xi)}$	$v = \text{②} \times \text{③} \times \text{④}$
①	②	③	④	⑤
40°	0,633	2,421	2,924	4,481
45°	0,565	3,039	2,364	4,059
50°	0,493	4,000	2,000	3,944
55°	0,417	5,601	1,742	4,069
60°	0,337	8,546	1,555	4,478
65°	0,255	14,928	1,414	5,383
70°	0,171	33,160	1,305	7,399

Der Reduktionsfaktor ist nach Gl. (1.65):

$$\omega = 1 - \frac{15}{15} \cdot 0{,}30 = 0{,}70$$

Die resultierende passive Erddruckkraft ist somit nach Gl. (1.66):

$$E_p = \frac{1{,}9 \cdot 64{,}0}{2} \cdot 0{,}7 \cdot 3{,}76 = 160{,}0 \ t/m$$

Tabelle 1.9 Ermittlung von u.

θ	$0{,}985 \cdot sin(\theta+\alpha) \cdot sin(90+\varrho-\theta)$	$u = \textcircled{2} + 0{,}255$
$\textcircled{1}$	$\textcircled{2}$	$\textcircled{3}$
40°	0,684	0,939
45°	0,698	0,953
50°	0,698	0,953
55°	0,684	0,939
60°	0,654	0,909
65°	0,612	0,867
70°	0,557	0,812

Tabelle 1.10 Ermittlung von k_p.

θ	u	v	$k_p = u \cdot v$	Bemerkungen
40°	0,939	4,481	4,21	
45°	0,953	4,059	3,87	
50°	0,953	3,944	3,76	Minimum
55°	0,939	4,069	3,81	
60°	0,909	4,478	4,07	
65°	0,867	5,383	4,67	
70°	0,812	7,399	6,02	

Ergebnisse

Die resultierende passive Erddruckkraft ist annähernd
zehnmal so groß wie die resultierende aktive Erddruckkraft.
Dieses Ergebnis deckt sich mit den zahllosen Erfahrungswer-
ten über das Verhältnis des passiven zum aktiven Erddruck.

Bei Annahme einer ebenen Gleitfläche wäre die resultierende passive Erddruckkraft E_p = 229,0 t/m. Sie wäre also
annähernd 13mal so groß wie die resultierende aktive Erddruckkraft.

Aufgabe 14   Untersuchung der Standsicherheit einer Stützmauer

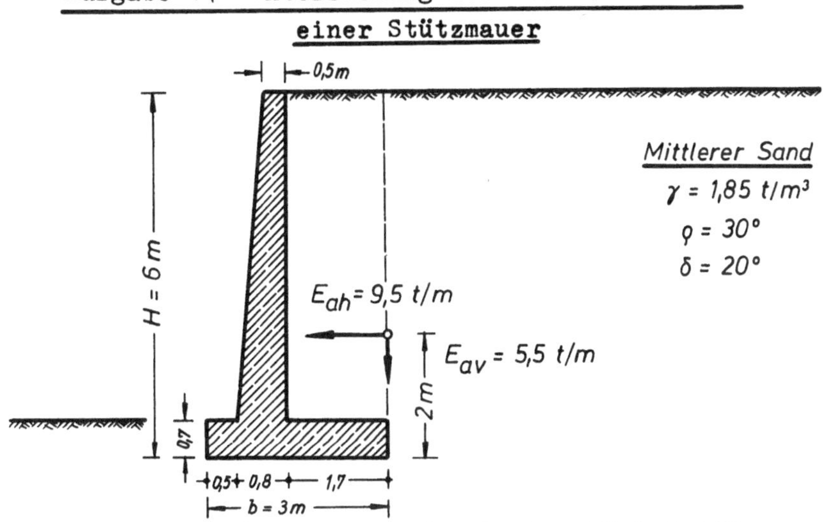

Abb. 1.35   Querschnitt durch eine Winkelstützmauer.

Abb. 1.35 zeigt eine Winkelstützmauer, an der die resultierende aktive Erddruckkraft E_a = 11,0 t/m angreift. Die
horizontale Komponente der Erddruckkraft ist für $\delta = \varphi$:

$$E_{ah} = 9,50 \quad t/m.$$

Die vertikale Komponente der Erddruckkraft ist für $\delta = \varphi$:

$$E_{av} = 5,50 \quad t/m.$$

Die zulässige Bodenpressung beträgt σ_{zul} = 2 kg/cm^2.
Beanspruchungen aus dem Grundwasser sind nicht zu er-
warten.

a)   Welchen Verlauf hat die Bodenpressung in der Sohl-
     fuge?

b)   Wird die zulässige Bodenpressung eingehalten?

c)   Wo greift die Resultierende der vorhandenen Kräfte
     in der Sohlfuge an?

d)   Bleibt die Resultierende in der Sohlfuge mindestens
     b/6 von der gedrückten Kante entfernt?

e)   Ist die Gleitsicherheit gewährleistet?

f)   Wie groß ist die Grundbruchsicherheit?

g)   Wie groß ist die Geländebruchsicherheit?

Grundlagen

Die Bodenpressungen werden linear verteilt angenommen
und können nach der Gleichung:

$$\begin{matrix} \sigma_{max} \\ \sigma_{min} \end{matrix} = \frac{\sum V}{b} \pm \frac{6 \cdot M_m}{b^2} \qquad (\text{t/m}^2) \quad (1.68)$$

bestimmt werden. In der Gl. (1.68) bedeuten:

$\sum V$ = Summe aller vertikalen Kräfte, die am System
            angreifen, in t/m

   b = Breite der Sohlplatte in m

M_m = Summe aller Momente, bezogen auf die Schwerelinie
          der Sohlplatte

Wenn mit σ_{zul} die zulässige Bodenpressung bezeichnet
wird, so muß für die Kantenpressung die Bedingung:

$$\sigma_{max} \leqq 1{,}3 \cdot \sigma_{zul} \qquad (\text{kg/cm}^2) \quad (1.69)$$

eingehalten werden.

Die Gl. (1.68) ist immer dann anwendbar, wenn die Resultierende aller Kräfte in der Sohlfuge im inneren Drittel
(Kern) der Sohlplatte liegt. Ist dies nicht der Fall, das
heißt, ist die Ausmittigkeit größer als b/6, so muß die
maximale Kantenpressung nach der Gl. (1.70) bestimmt werden.

$$\sigma_{max} = \frac{2 \cdot \Sigma V}{3a} \qquad (t/m^2) \qquad (1.70)$$

$$a = \frac{b}{2} - e = \frac{b}{2} - \frac{M_m}{\Sigma V} \qquad (m) \qquad (1.71)$$

In diesem Falle muß die Bedingung:

$$\sigma_{max} \leqq \sigma_{zul} \qquad (kg/cm^2) \quad (1.72)$$

eingehalten werden.

Die Resultierende muß außerdem nach DIN 1054, Ziff.4.113, mindestens b/6 von der gedrückten Kante entfernt bleiben.

<u>Die Gleitsicherheit</u> wird für den ungünstigsten Lastfall nach der Gl. (1.73) bestimmt.

$$\eta = \frac{tg\,\delta \cdot \Sigma V}{\Sigma H} \qquad (1.73)$$

δ = Wandreibungswinkel

V = Summe aller vertikalen Kräfte, die am System angreifen, in t/m

H = Summe aller horizontalen Kräfte, die am System angreifen. Der Erdwiderstand E_p vor dem Stützwand-
fuß kann dabei in Rechnung gestellt werden.

Die Gleitsicherheit muß mindestens η = 1,5 betragen.

<u>Die Grundbruchsicherheit</u> wird analog zu dem Beispiel der Aufgabe 25 (BÖLLING: Setzungen, Standsicherheiten und Trag-fähigkeiten von Grundbauwerken) ermittelt.

$$\eta = \frac{r \cdot \sin \varrho}{e}$$

r = gewählter Radius des Gleitkreises

ϱ = Reibungswinkel des Bodens

e = Abstand der Resultierenden aller am System angreifenden Kräfte vom Kreismittelpunkt in m

Die Grundbruchsicherheit muß mindestens η = 1,3 betra-gen.

<u>Die Geländebruchsicherheit</u> wird nach folgendem Rechenschema tabellarisch bestimmt:

a) man teilt die Scheibe, die durch den Gleitkreis mit dem Radius r entsteht, in senkrechte Streifen von der Breite b = $\frac{1}{10}$ r,

b) der Kreismittelpunkt wird in die Mitte des Streifens O gelegt,

c) man ermittelt die Höhe eines Streifens für das Raumgewicht γ = 1 t/m^3 nach der Gl. (1.74):

$$h = \gamma_1 \cdot h_1 + \gamma_2 \cdot h_2 + \gamma_3 \cdot h_3 + \cdots\cdots\cdots + \gamma_n \cdot h_n \qquad \text{(m)} \quad (1.74)$$

$\gamma_1, \gamma_2, \gamma_n =$ Raumgewichte, die infolge verschiedener Bodenschichten in einem Streifen vorkommen, in t/m^3

$h_1, h_2, h_n =$ Höhe der Schichten mit den entsprechenden Raumgewichten in m

d) Bestimmung des Ausdruckes (1.75) für jeden Streifen.

$$\sin\varphi = \frac{a_n}{r} \qquad (1.75)$$

a_n = Abstand der Mittellinie eines Streifens n vom Kreismittelpunkt

r   = Radius des gewählten Kreises in m

e) Bestimmung des Ausdruckes (1.76) für jeden Streifen.

$$n \cdot \sin\varphi \qquad \text{(m)} (1.76)$$

f) Bestimmung des Ausdruckes (1.77) für jeden Streifen.

$$\xi = \frac{h}{\cos\varphi \cdot ctg\varrho + \sin\varphi} + \left(\frac{c}{\cos\varphi}\right)^1 \qquad (1.77)$$

g) Die Geländebruchsicherheit ist dann:

$$\eta = \frac{\sum \xi + \sum h \cdot \sin\varphi \, links}{\sum h \cdot \sin\varphi \, rechts + \dfrac{M_W + K \cdot k + P \cdot l_p}{b \cdot r}} \qquad (1.78)$$

---

[1] Das zweite Glied der Gl. (1.77) wird aus Sicherheitsgründen meistens nicht berücksichtigt.

$\sum h \cdot \sin \varphi$ *links* = Summe aller Ausdrücke (1.75) mit negativem Vorzeichen

$\sum h \cdot \sin \varphi$ *rechts* = Summe aller Ausdrücke (1.75) mit positivem Vorzeichen

M_w = Drehmoment infolge des Wasserüberdrucks, bezogen auf den Kreismittelpunkt

$K \cdot k$ = Drehmoment infolge von Kranlasten, bezogen auf den Kreismittelpunkt

$P \cdot l_p$ = Drehmoment infolge von Pollerzügen, bezogen auf den Kreismittelpunkt

r = Radius des Gleitkreises

Die Geländebruchsicherheit muß mindestens $\eta = 1,3$ betragen.

Lösung

Tabelle 1.11 Schnittkräfte und Momente ohne Berücksichtigung des Erdwiderstandes
(γ_{Beton} = 2,5 t/m^3).

Bezeichnung	Gewicht		Hebelarm	Moment, bezogen auf den Punkt M
—	t/m		m	tm/m
G_1	$0,6 \cdot 5,3 \cdot 2,5$	= 7,95	0,50	+ 3,98
G_2	$1,7 \cdot 5,3 \cdot 1,85$	= 16,67	0,75	− 12,50
G_3	$0,7 \cdot 3,0 \cdot 2,5$	= 5,25	----	--------
E_{ah}		9,50	2,00	+ 19,00
E_{av}		5,50	1,50	− 8,25
$\sum$	(ohne E_{ah})	35,37		+ 2,23

a) Welchen Verlauf hat die Bodenpressung in der Sohlfuge?

Mit der Gl. (1.68) ist:

$$\sigma_{max} = \frac{\sum V}{b} + \frac{6 \cdot M_m}{b^2}$$

$$\sigma_{max} \;=\; \frac{35,37}{3,0} \;+\; \frac{2,23 \cdot 6}{9,0}$$

$$\sigma_{max} \;=\; 11,79 \;+\; 1,49 \;=\; +\,13,28 \; t/m^2$$

$$\sigma_{min} \;=\; 11,79 \;-\; 1,49 \;=\; +\,10,30 \; t/m^2$$

$\sum V$ und M_m sind unter Verwendung der Abb. 1.36 in der Tab. 1.11 berechnet. Der Verlauf der Bodenpressungen ist in Abb. 1.36 dargestellt.

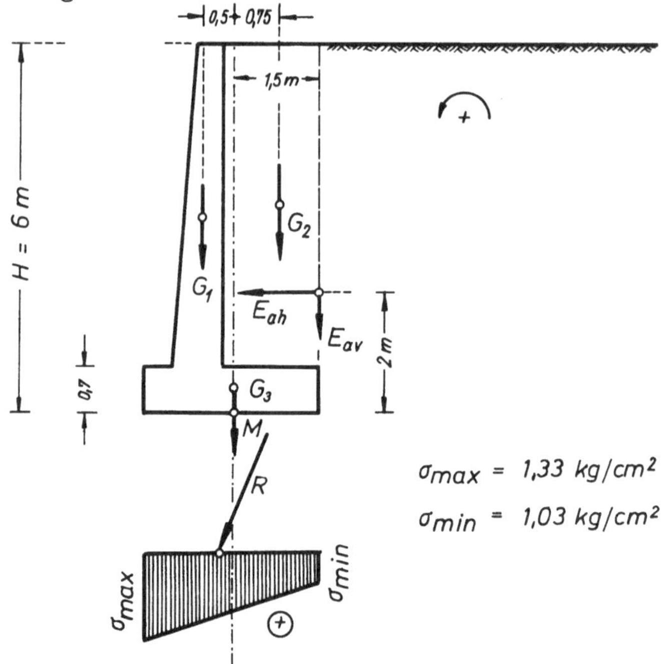

Abb. 1.36   Ermittlung der Bodenpressungen unter einer Stützmauer.

b) Wird die zulässige Bodenpressung eingehalten?

Die zulässige Bodenpressung wird eingehalten. Die zulässige Kantenpressung ist nach DIN 1054:

$$1,3 \cdot \sigma_{zul} = 2,60 \; kg/cm^2 \;>\; \sigma_{max} \;=\; 1,33 \; kg/cm^2$$

c) Wo greift die Resultierende der vorhandenen Kräfte
in der Sohlfuge an?

Die Ausmittigkeit ist:

$$e = \frac{M}{\sum V} = \frac{2{,}23}{35{,}37} = 0{,}06\,m$$

Wenn $e > b/6$ ist, dann greift die Resultierende außer-
halb des Kerns an. Da $b/6 = 3/6 = 0,5$ m ist, ist das nicht
der Fall. Es treten daher nur Druckspannungen in der Sohlfuge auf.

d) Bleibt die Resultierende in der Sohlfuge mindestens
b/6 von der gedrückten Kante entfernt?

Aus der Beantwortung der Frage (c) geht hervor, daß die
Resultierende in keinem Fall den Grenzabstand b/6 erreichen
kann.

e) Ist die Gleitsicherheit gewährleistet?

Mit der Gl. (1.73) ist bei Berücksichtigung des Erdwiderstandes die Gleitsicherheit:

$$\eta = \frac{tg\,\delta \cdot \sum V}{\sum H - E_p}$$

$\sum V$ und $\sum H$ werden der Tab. 1.11 entnommen. Der Erdwiderstand ist nach der Formel von RANKINE:

$$E_p = \frac{\gamma \cdot H^2}{2} \cdot tg^2\,(45^\circ + \varphi/2)$$

$$E_p = \frac{1{,}85 \cdot 0{,}7^2}{2} \cdot 1{,}732^2 = 1{,}36\ t/m$$

$$\eta = \frac{0{,}364 \cdot 35{,}37}{9{,}50 - 1{,}36} = \frac{12{,}87}{8{,}14} = 1{,}58$$

Die Gleitsicherheit muß mindestens $\eta = 1,5$ betragen und
wird in diesem Falle gerade noch erreicht.

f) Wie groß ist die Grundbruchsicherheit?

An einem beliebig gewählten Gleitkreis wird die Grundbruchsicherheit nachgeprüft (Abb. 1.37). Der Radius des

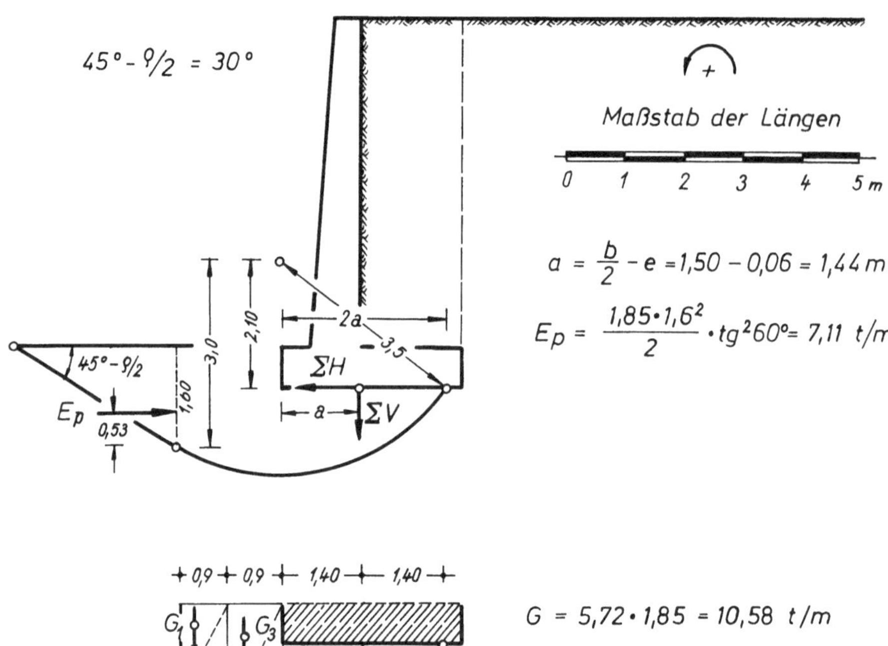

Erdkeil	Breite	Höhe	Fläche	Hebelarm	Moment [1]
	m	m	m²	m	m²·m
G_1	1,50	0,90	0,67	1,50	+ 1,01
G_2	1,90	0,90	0,85	1,20	+ 1,02
G_3	1,90	0,90	0,85	0,60	+ 0,51
G_4	2,00	0,90	0,90	0,30	+ 0,27
G_5	1,30	1,40	0,91	0,47	− 0,43
G_6	1,10	1,40	0,77	0,94	− 0,72
G_7	1,10	1,40	0,77	1,87	− 1,44
Summe: 5,72				Summe:	+ 0,22

[1] bezogen auf den Kreismittelpunkt

Abb. 1.37   Ermittlung der Grundbruchsicherheit für
eine Stützmauer.

Gleitkreises ist mit r = 3,5 m angenommen. Er soll die Sohlfuge im Abstand 2a = 2,88 m von der Vorderkante des Stützwandfußes schneiden.

Die Kräfte, die an diesem Gleitkreis angreifen, sind in
der Tabelle zu Abb. 1.37 errechnet und im Krafteck
(Abb. 1.38) zur Resultierenden R zusammengesetzt.

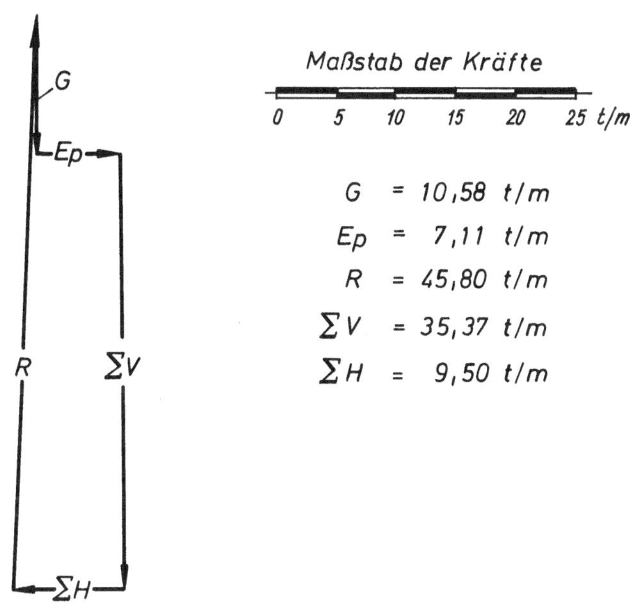

Abb. 1.38 Ermittlung der Resultierenden aller am
           Gleitkörper angreifenden Kräfte.

Die Resultierende aller angreifenden Kräfte ist:

R = 45,80 t/m.

Nach dem Rechenschema der Aufgabe 25 (BÖLLING: Setzungen, Standsicherheiten und Tragfähigkeiten von Grundbauwerken) wird dann der Abstand e dieser Resultierenden R vom
Mittelpunkt des gewählten Gleitkreises bestimmt. Es ist mit
den Abständen und Kräften in Abb. 1.37:

$$-R \cdot e = \Sigma M = -35,37 \cdot 1,44 - 9,5 \cdot 2,10 + 0,41 + 7,11 \cdot 2,47$$

$$= -50,13 - 19,95 + 0,41 + 17,56 = -52,91$$

$$e = \frac{-52,91}{-45,80} = +1,16\,m$$

Die Grundbruchsicherheit ist dann:

$$\eta = \frac{3,50 \cdot \sin 30°}{1,16} = 1,51 > 1,3$$

Auch für andere beliebig gewählte Gleitkreise läßt sich zeigen, daß die Grundbruchsicherheit niemals kleiner als $\eta = 1,3$ wird.

g) Wie groß ist die Geländebruchsicherheit?

In Abb. 1.39 ist ein beliebiger Gleitkreis mit dem Radius r = 7 m gewählt worden. Der Gleitkreis ist in Streifen mit einer Breite von r/10 = 0,70 m eingeteilt worden. In der Tab. 1.12 sind die Ausdrücke:

$$\sum \xi = 56,67$$

$$\sum h \cdot \sin \varphi \text{ links} = 2,17$$

$$\sum h \cdot \sin \varphi \text{ rechts} = 39,68$$

ermittelt worden. Die Sicherheit gegen Geländebruch ist mit Gl. (1.78):

$$\eta = \frac{56,67 + 2,17}{39,68} = 1,48 > 1,3$$

Die Stützmauer ist gegen Geländebruch ausreichend gesichert, denn auch für andere Gleitkreise wird die Geländebruchsicherheit, wie man zeigen kann, niemals kleiner als $\eta = 1,3$.

Ergebnisse

Für dieses Anwendungsbeispiel werden alle Bedingungen der Standsicherheit erfüllt und das größtmögliche Maß an Wirtschaftlichkeit erzielt, da im ungünstigsten Falle, nämlich bei der Untersuchung der Gleitsicherheit, gerade die Sicherheitsgrenze eingehalten wird und auch alle anderen Sicherheiten nicht wesentlich über den geforderten Sicherheiten liegen. In der Tab. 1.13 sind die Ergebnisse zur besseren Übersicht noch einmal zusammengestellt.

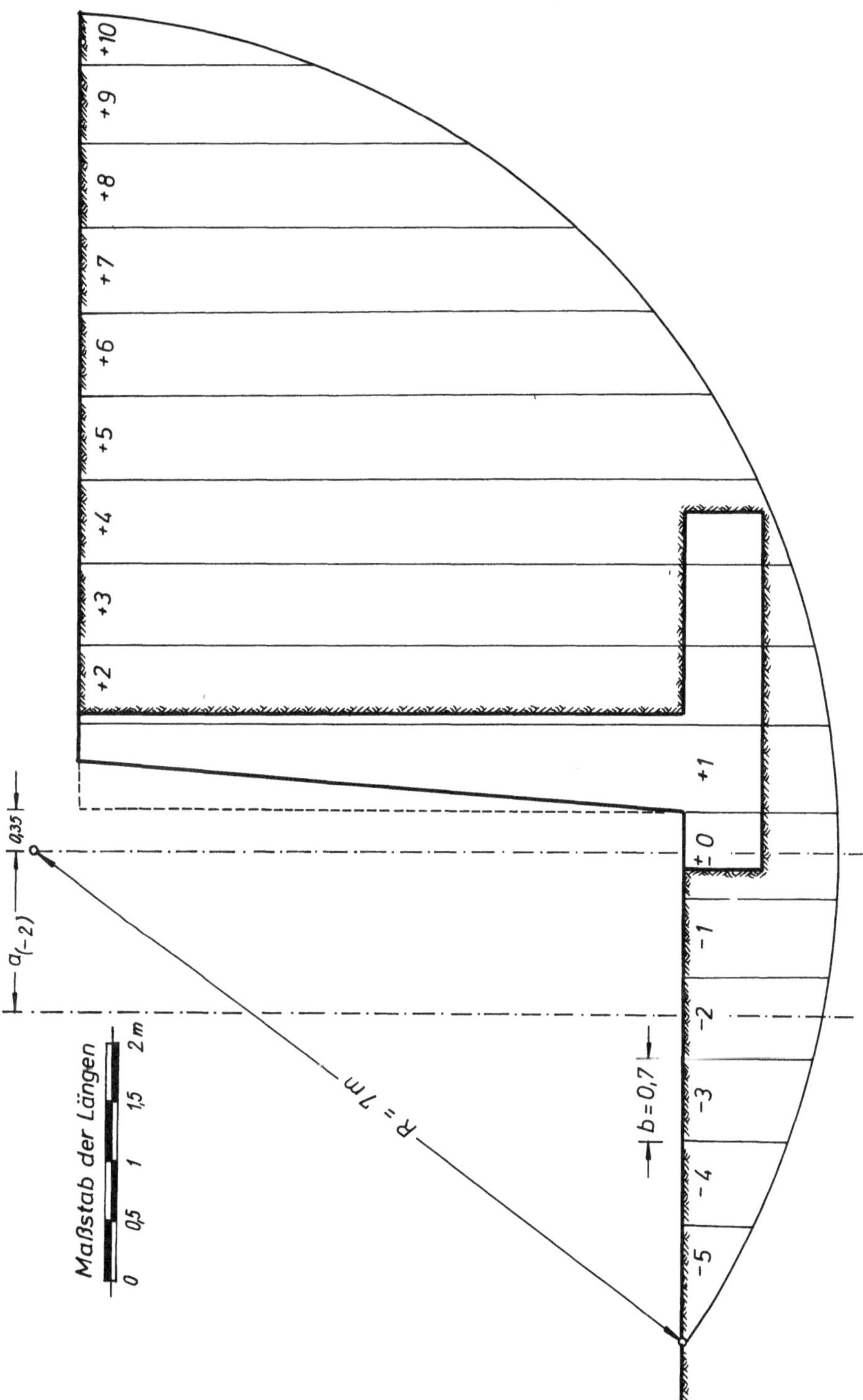

Abb. 1.39 Ermittlung der Geländebruchsicherheit für
eine Stützmauer.

Tabelle 1.12   Ermittlung der Geländebruchsicherheit für eine Stützmauer.

Streifen	Höhe des Streifens h $(\gamma = 1\,t/m^3)$	a	$\sin\varphi = \dfrac{a}{r}$	$h \cdot \sin\varphi$ (−) links	$h \cdot \sin\varphi$ (+) rechts	$\cos\varphi$	$\cos\varphi \cdot ctg\,\varrho$	$\psi = \cos\varphi\,ctg\,\varrho + \sin\varphi$	$\dfrac{h}{\psi} = \xi$
− 5	$0,40 \cdot 1,85 = 0,74$	3,50	− 0,5	0,37	−−	0,866	1,500	1,000	0,74
− 4	$0,75 \cdot 1,85 = 1,39$	2,80	− 0,4	0,56	−−	0,916	1,587	1,187	1,17
− 3	$1,00 \cdot 1,85 = 1,85$	2,10	− 0,3	0,56	−−	0,954	1,652	1,352	1,37
− 2	$1,20 \cdot 1,85 = 2,22$	1,40	− 0,2	0,44	−−	0,980	1,697	1,497	1,48
− 1	$1,30 \cdot 1,85 = 2,40$	0,70	− 0,1	0,24	−−	0,995	1,723	1,623	1,48
0	$1,35 \cdot 1,85 = 2,50$	0,00	0,0	−−	−−	1,000	1,723	1,723	1,45
+ 1	$6,0 \cdot 2,50 + 0,6 \cdot 1,85 = 16,10$	0,70	+ 0,1	−−	1,61	0,995	1,723	1,823	8,83
+ 2	$5,8 \cdot 1,85 + 0,7 \cdot 2,50 = 12,48$	1,40	+ 0,2	−−	2,50	0,980	1,697	1,897	6,58
+ 3	$5,6 \cdot 1,85 + 0,7 \cdot 2,50 = 12,31$	2,10	+ 0,3	−−	3,69	0,954	1,652	1,952	6,31
+ 4	$5,3 \cdot 1,85 + 0,7 \cdot 2,50 = 11,56$	2,80	+ 0,4	−−	4,62	0,916	1,587	1,987	5,82
+ 5	$5,7 \cdot 1,85 = 10,55$	3,50	+ 0,5	−−	5,28	0,866	1,500	2,000	5,28
+ 6	$5,2 \cdot 1,85 = 9,62$	4,20	+ 0,6	−−	5,77	0,800	1,386	1,986	4,84
+ 7	$4,7 \cdot 1,85 = 8,70$	4,90	+ 0,7	−−	6,09	0,714	1,237	1,937	4,48
+ 8	$3,8 \cdot 1,85 = 7,03$	5,60	+ 0,8	−−	5,62	0,600	1,039	1,840	3,82
+ 9	$2,7 \cdot 1,85 = 5,00$	6,30	+ 0,9	−−	4,50	0,436	0,755	1,655	3,02
Σ				2,17	39,68				56,67

Tabelle 1.13 Ergebnisse der Standsicherheitsunter-
suchung einer Stützmauer.

Bedingung	Errechneter Wert	Zulässiger Wert
Maximale Kantenpressung	$1,33$ kg/cm^2	$2,60$ kg/cm^2
Lage der Resultierenden innerhalb des Kerns: e	$0,06$ m	b/6 = $0,50$ m
außerhalb des Kerns: e	------	------------
Abstand von der gedrückten Kante: b/2 - e	$1,44$ m	b/6 = $0,50$ m
Gleitsicherheit	$1,58$	$1,50$
Grundbruchsicherheit	$1,51$	$1,30$
Geländebruchsicherheit	$1,48$	$1,30$

1.2 Berechnungstafeln und Zahlenwerte

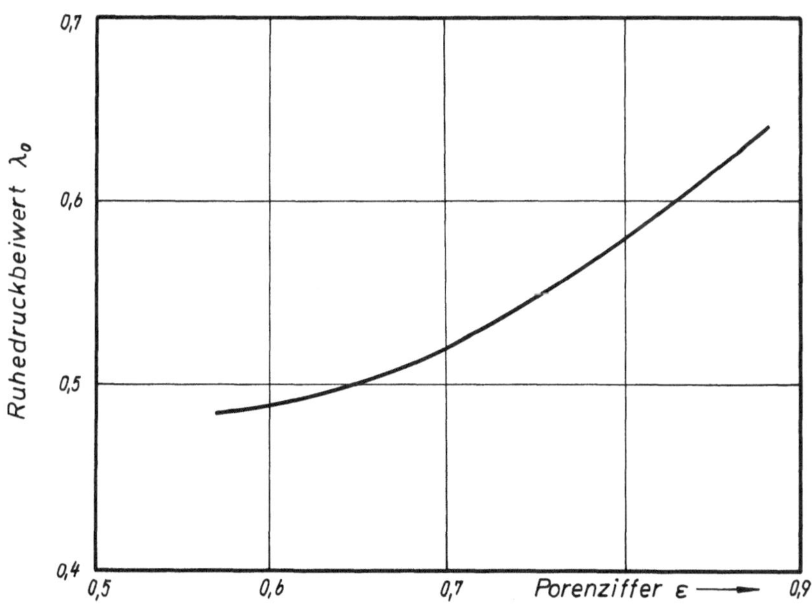

Abb. 1.40 Abhängigkeit des Ruhedruckbeiwertes λ_o
von der Porenziffer mittlerer Sande
(nach BERNATZIK 1947).

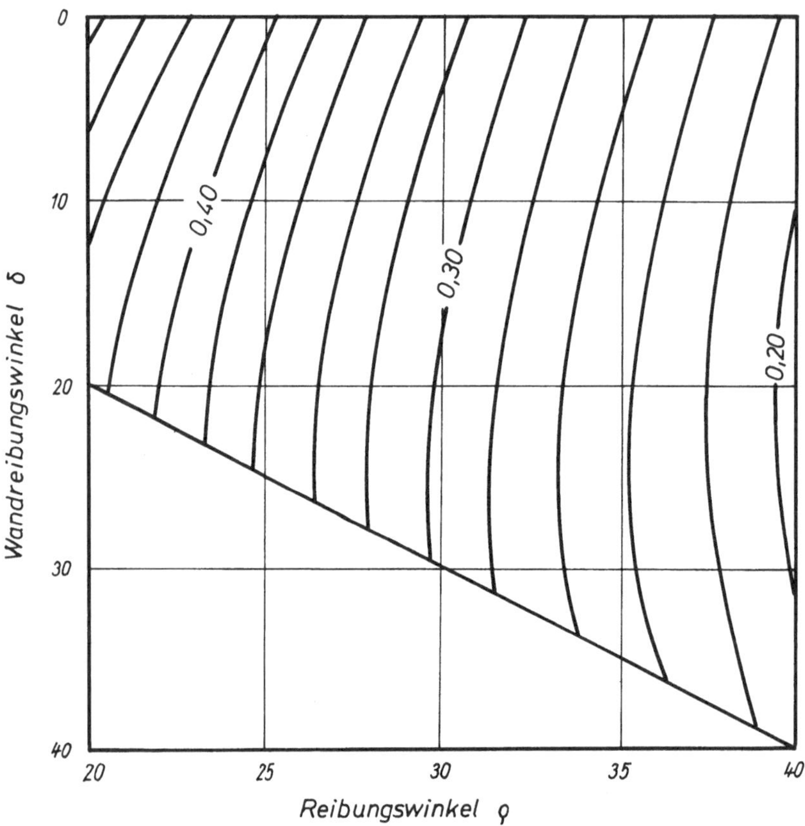

Abb. 1.41   Einflußwerte k der Gl. (1.8) und (1.9)
(nach TAYLOR 1948).

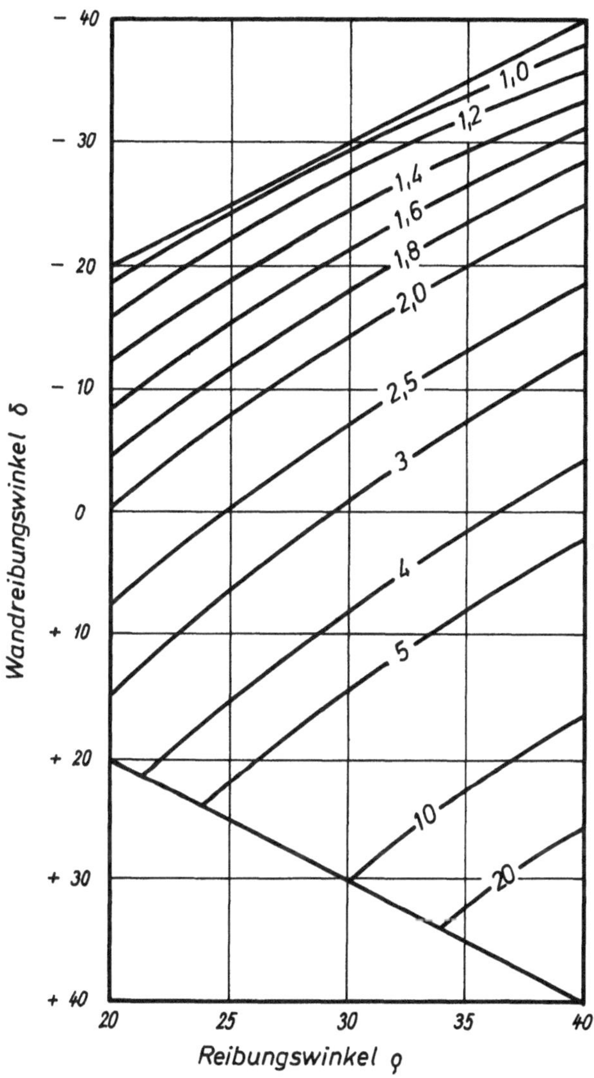

Abb. 1.42 Einflußwerte k_p der Gl. (1.11) (nach TAYLOR 1948).

1.3 Literatur

COUPLET (1726) De la poussée des terres contre leurs
    revêtements que leur doit opposer. Histoire de l'Acadé-
    mie de Sciences de France, Bd. 28, 29 und 30.

COULOMB (1773) Essai sur une application des règles des
    maximis et minimis à quelques problèmes de statique
    relatifs à architecture. Mém. Acad. Roy. Prés. Divers
    Savants Paris, Bd. 7.

PONCELET (1840) Mémoires sur la stabilité des revêtements
    et de leurs fondations. Mém. de l'Officier du Génie,
    Bd. 13.

RANKINE (1856) On the stability of loose earth. Trans.
    Roy. Soc. London, Bd. 147.

REBHANN (1871) Theorie des Erddruckes und der Futter-
    mauern. Wien.

WINKLER (1872) Neue Theorie des Erddruckes nebst einer
    Geschichte der Theorie des Erddruckes und der hierüber
    angestellten Versuche. Wien.

ENGESSER (1880) Geometrische Erddrucktheorie. Zeitschrift
    für Bauwesen, Bd. 40, S. 189.

MÜLLER-BRESLAU (1906) Erddruck auf Stützmauern. Kröner-
    Verlag Stuttgart.

FRONTARD (1922) Cycloides de glissement des terres.
    Comptes Rendues Hebd. Acad. Sc. Paris 174.

FELD (1928) History of the development of lateral earth
    pressure theories. Proceedings of the Brooklyn
    Engineers' Club, S. 61 - 104.

KREY (1936) Erddruck, Erdwiderstand und Tragfähigkeit des
    Baugrundes. Wilhelm Ernst & Sohn Berlin.

TERZAGHI (1936) Distribution of lateral pressure of sand
    on the timbering of cuts. Harvard University.

OHDE (1938) Zur Theorie des Erddruckes unter besonderer
    Berücksichtigung der Erddruckverteilung. Die Bautech-
    nik 10/11.

TAYLOR (1948) Fundamentals of soil mechanics. Wiley & Sons
    New York.

TERZAGHI (1941) General wedge theory of earth pressure.
    Trans. ASCE.

TERZAGHI (1943) Theoretical soil mechanics. Wiley & Sons
    New York.

TERZAGHI/PECK (1948) Soil mechanics in engineering practice.
    Wiley & Sons New York.

SKEMPTON (1953) Earth pressure, retaining walls, tunnels
    and strutted excavations. Proc. III. Int. Conf. Soil
    Mech. Found. Eng. Zürich, Bd. 2, S. 353.

HANSEN (1953) Earth pressure calculations. Danish Tech.
    Press.Inst. Dan. Civil Eng. Kopenhagen.

CAQUOT/KÉRISEL(1956) Traité de mécanique des sols.
    Gauthier-Villars Paris.

SOKOLOVSKI (1956) Statics of soil media. Butterworth
    London.

HUNTINGTON (1957) Earth pressure and retaining walls.
    Wiley & Sons New York.

KJAERNSLI (1958) Test results: Oslo subway. Proc. Conf.
    on Earth Pressure Problems Brüssel, Bd. 2, S. 108.

KEZDI (1962) Erddrucktheorien. Springer-Verlag Wien.

TSCHEBOTARIOFF (1962) Retaining structures. In: Foundation
    Engineering. McGraw-Hill Book Co. New York, S. 438.

SCOTT (1963) Principles of soil mechanics. Addison-Wesley
    Publishing Co. Reading, Massachusetts.

2. Berechnung von Spundwänden

2.1 Aufgaben

**Aufgabe 15   Graphische Ermittlung der Schnittkräfte
und Momente einer oben und unten frei gelagerten
Spundwand nach BLUM**

Abb. 2.1 zeigt den Querschnitt durch eine oben frei gelagerte Spundwand. Die Spundwand soll so tief gerammt werden, daß sie dem statischen Zustand eines Balkens auf zwei
Stützen entspricht. In diesem Zustand wird die Spundwand
als oben und unten frei gelagert bezeichnet.

a) Wie groß ist die erforderliche Rammtiefe?

b) Wie groß ist das maximale Biegemoment der Spundwand?

c) Wie groß ist die Ankerzugkraft?

d) Wo liegt der Belastungsnullpunkt?

Grundlagen

Die nachfolgende Berechnung einer oben und unten frei gelagerten Spundwand basiert auf der Veröffentlichung von
BLUM (1931). Eine Spundwand wird als frei gelagert bezeichnet, wenn sie nur so tief gerammt wird, daß der Erddruck E_a
auf der rechten Seite der Wand ebenso groß ist wie der Erdwiderstand auf der linken Seite.

Die Biegemomente sind in diesem Falle in den Punkten B
und C (Abb. 2.2b) gleich Null und im Punkt A negativ.

Die Durchbiegungen müssen im Punkt A und B gleich Null
sein, da beide Punkte als frei drehbare Lager angenommen
werden.

Die oben und unten frei gelagerte Spundwand stellt einen
statisch bestimmten Balken auf zwei Stützen dar. Die Schnittkräfte und Momente lassen sich mit den bekannten Regeln der

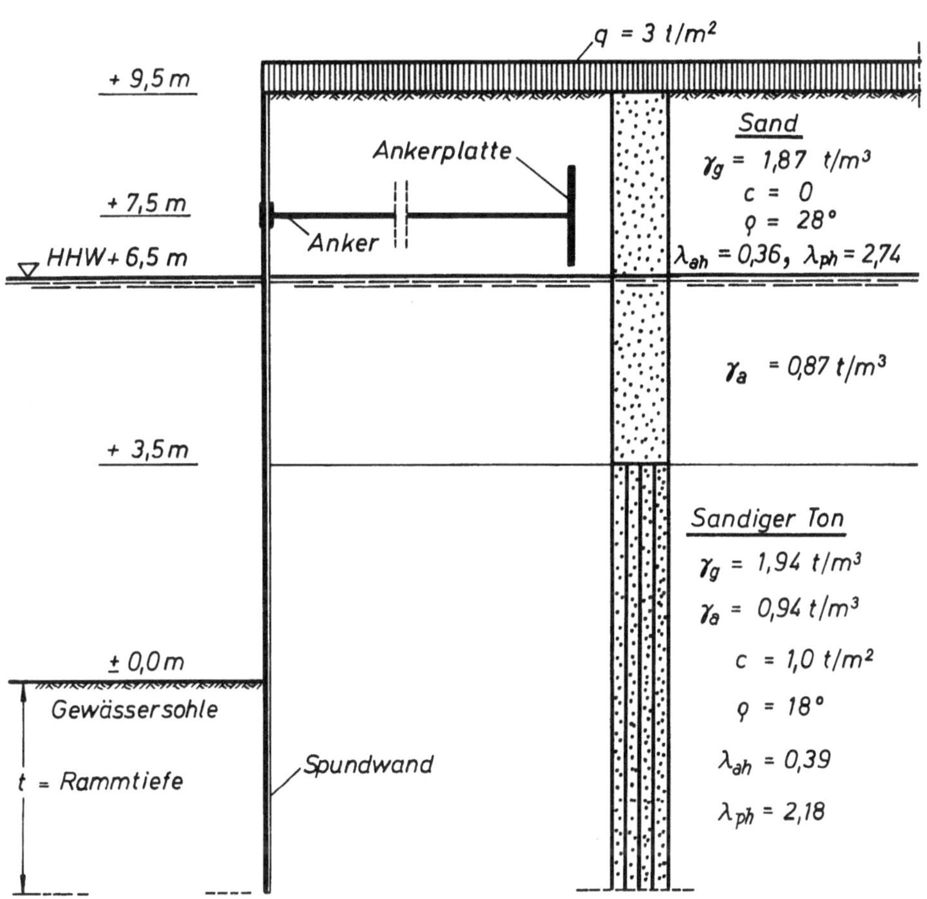

Abb. 2.1   Querschnitt durch eine Spundwandkonstruktion.

Statik schnell bestimmen. In diesem Zusammenhang hat sich
das Seileckverfahren am zweckmäßigsten erwiesen.

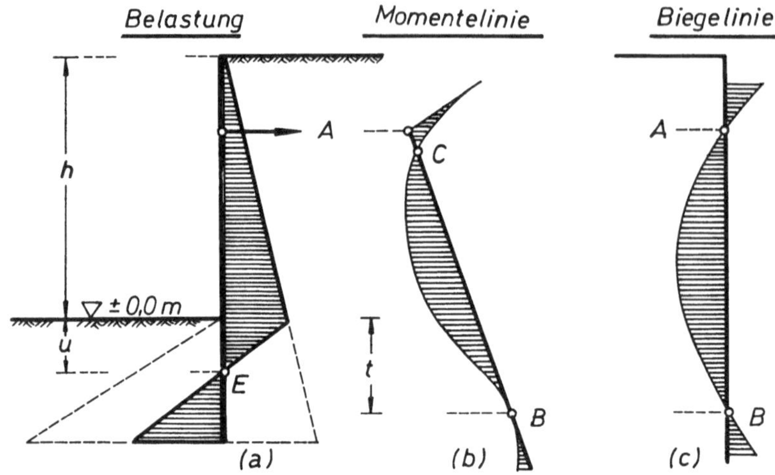

Abb. 2.2   Oben und unten frei gelagerte Spundwand.

Die Prinzipien des Seileckverfahrens sollen noch einmal
kurz wiederholt werden, ehe auf ihre Anwendung in diesem
Beispiel eingegangen wird. Unter Verwendung der Abb. 2.3
werden die Schnittkräfte und Momente in nachstehender
Reihenfolge bestimmt:

a) Man teilt die Belastungsfläche in eine beliebige
    Anzahl hinreichend kleiner Streifen ein und berech-
    net für jeden Streifen die ideelle Last P.

b) Man ersetzt die Belastungsfläche durch diese
    ideellen Lasten, die im Schwerpunkt des zugehörigen
    Streifens angreifen.

c) Man trägt die Lasten P_1 bis P_{10} der Reihe nach auf
    (Abb. 2.3b), wählt einen beliebigen Pol 0 und zieht
    die Polstrahlen I bis XI.

d) Man bildet durch Parallelverschiebung der Polstrah-
    len das Seilpolygon I' bis XI', das die Lotrechten
    durch die Auflager in den Punkten a und b schneidet.
    Die Verbindungslinie $\overline{ab}$ wird Momenteschlußlinie ge-
    nannt.

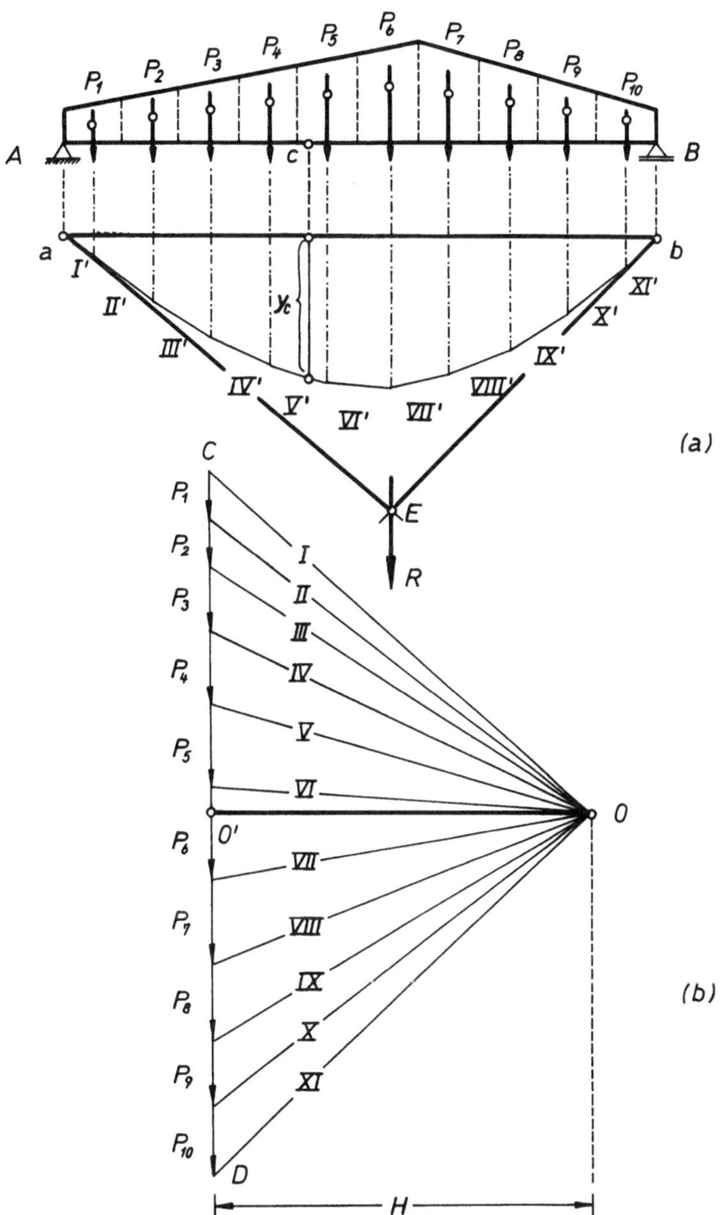

Abb. 2.3 Grundlagen des Seileckverfahrens.

e) Man zieht zur Momenteschlußlinie eine Parallele
    durch den Pol O, die den Punkt O' ergibt.

f) Die Strecke CO' stellt dann die Auflagerkraft A und
    die Strecke O'D die Auflagerkraft B dar.

g) Die Lage der Resultierenden R = $\sum P_n$ wird durch den
    Schnittpunkt E der beiden äußeren Polstrahlen I und
    XI festgelegt.

h) Man erhält das Moment M_c aller links vom Schnitt c
    wirkenden Kräfte in bezug auf den Punkt c als Pro-
    dukt aus dem Polabstand H und der Strecke y_c:

$$M_c = H \cdot y_c \qquad (\text{tm}) \qquad\qquad (2.1)$$

y_c = Ordinate des Seilecks im Punkt c in m
H = Polabstand in t

Die Berechnung der Schnittkräfte und Momente der Spundwand wird nach folgendem Rechenschema durchgeführt:

a) Ermittlung der horizontalen Ordinaten e_{ah} des akti-
    ven Erddrucks auf der rechten Seite der Spundwand.

b) Ermittlung der horizontalen Ordinaten e_{ph} des passi-
    ven Erddrucks auf der linken Seite der Spundwand.

c) Ermittlung der Differenz $e_{ah} - e_{ph}$ und zeichnerische
    Darstellung der Belastung mit diesen Differenzen.

d) Berechnung des Belastungsnullpunktes:

$$u = \frac{(e_{ah} + w)_0}{\gamma \cdot (\lambda_{ph} - \lambda_{ah})} \qquad (\text{m}) \qquad\qquad (2.2)$$

$(e_{ah} + w)_0$ = horizontale Ordinate des aktiven Erd-
                    druckes und Wasserdruckes bei der
                    Höhe $\pm$ 0,00 in t/m^2 (Abb. 2.2)

γ = Raumgewicht des Bodens unterhalb der
           Höhe $\pm$ 0,00 in t/m^3

$$\lambda_{ah} = \text{horizontaler aktiver Erddruckbeiwert}$$

$$\lambda_{ph} = \text{horizontaler passiver Erddruckbeiwert}$$

e) Berechnung der ideellen Lasten P_n und zeichnerische Darstellung der Punkte ihres Kraftangriffes.

f) Konstruktion des Seilecks und der Momenteschlußlinie. Den Polabstand H wählt man erfahrungsgemäß am besten zu ¼ der rechts wirkenden Kräfte. Die Momenteschlußlinie muß durch den Punkt A hindurchgehen und das Seileck im unteren Teil tangieren (Abb. 2.2).

g) Aus dem Seileck und dem Polplan wird die maximale Strecke max y abgegriffen und daraus das maximale Moment:

$$\text{max } M = \text{max } y \cdot H \quad (\text{tm})$$

nach der Gl. (2.1) berechnet.

h) Aus dem Polplan und dem Seileck wird die Ankerzugkraft A ermittelt (siehe unter [f] in der Beschreibung des Seileckverfahrens). Die Lage des Ankers und der Gurtung (Punkt A) kann in diesem Stadium der Berechnung noch variiert werden, wenn das aus wirtschaftlichen oder konstruktiven Gründen erforderlich ist. Anker und Gurtung sollen möglichst im oberen Drittel der freien Spundwandhöhe h und aus konstruktiven Gründen möglichst oberhalb des Grundwasserspiegels liegen.

<u>Lösung</u>

<u>Horizontale Erddruckordinaten bei + 6,5 m für einheitliches Raumgewicht und q = 3 t/m²:</u>

$$\gamma = 1{,}87 \ t/m^3 : \ e_{ah} = 1{,}87 \cdot 3{,}0 \cdot 0{,}36 + 0{,}36 \cdot 3{,}0 = 3{,}10 \ t/m^2$$

$$\gamma = 0{,}87 \ t/m^3 : \ e_{ah} = 0{,}87 \cdot 3{,}0 \cdot 0{,}36 + 0{,}36 \cdot 3{,}0 = 2{,}02 \ t/m^2$$

$$\gamma = 0{,}94 \ t/m^3 : \ e_{ah} = 0{,}94 \cdot 3{,}0 \cdot 0{,}39 + 0{,}39 \cdot 3{,}0 = 2{,}27 \ t/m^2$$

<u>Horizontale Erddruckordinaten bei + 3,5 m für einheit-</u>
<u>liches Raumgewicht und q = 3 t/m^2:</u>

$$\gamma = 1{,}87 \ t/m^3 : \ e_{ah} = 1{,}87 \cdot 6{,}0 \cdot 0{,}36 + 0{,}36 \cdot 3{,}0 = 5{,}12 \ \ t/m^2$$

$$\gamma = 0{,}87 \ t/m^3 : \ e_{ah} = 0{,}87 \cdot 6{,}0 \cdot 0{,}36 + 0{,}36 \cdot 3{,}0 = 2{,}96 \ \ t/m^2$$

$$\gamma = 0{,}94 \ t/m^3 : \ e_{ah} = 0{,}94 \cdot 6{,}0 \cdot 0{,}39 + 0{,}39 \cdot 3{,}0 = 3{,}37 \ \ t/m^2$$

<u>Horizontale Erddruckordinaten bei $\pm$ 0,0 m für einheit-</u>
<u>liches Raumgewicht und q = 3 t/m^2:</u>

$$\gamma = 1{,}87 \ t/m^3 : \ e_{ah} = 1{,}87 \cdot 9{,}5 \cdot 0{,}36 + 0{,}36 \cdot 3{,}0 = 7{,}48 \ \ t/m^2$$

$$\gamma = 0{,}87 \ t/m^3 : \ e_{ah} = 0{,}87 \cdot 9{,}5 \cdot 0{,}36 + 0{,}36 \cdot 3{,}0 = 4{,}06 \ \ t/m^2$$

$$\gamma = 0{,}94 \ t/m^3 : \ e_{ah} = 0{,}94 \cdot 9{,}5 \cdot 0{,}39 + 0{,}39 \cdot 3{,}0 = 4{,}65 \ \ t/m^2$$

<u>Horizontale Erddruckordinaten bei - 4,0 m für einheit-</u>
<u>liches Raumgewicht und q = 3 t/m^2:</u>

$$\gamma = 1{,}87 \ t/m^3 : \ e_{ah} = 1{,}87 \cdot 13{,}5 \cdot 0{,}36 + 0{,}36 \cdot 3{,}0 = 10{,}18 \ \ t/m^2$$

$$\gamma = 0{,}87 \ t/m^3 : \ e_{ah} = 0{,}87 \cdot 13{,}5 \cdot 0{,}36 + 0{,}36 \cdot 3{,}0 = 5{,}32 \ \ t/m^2$$

$$\gamma = 0{,}94 \ t/m^3 : \ e_{ah} = 0{,}94 \cdot 13{,}5 \cdot 0{,}39 + 0{,}39 \cdot 3{,}0 = 6{,}11 \ \ t/m^2$$

Die endgültigen Erddruckordinaten lassen sich aus den
Erddruckordinaten für einheitliche Raumgewichte nach dem
in der Aufgabe 11 beschriebenen Verfahren schnell ermitteln
und sind in Abb. 2.4 wiedergegeben.

Die horizontale passive Erddruckordinate bei - 4,0 m ist:

$$e_{ph} = 0{,}94 \cdot 4{,}0 \cdot 2{,}18 = 8{,}20 \ t/m^2$$

Der Belastungsnullpunkt liegt nach Gl. (2.2) bei:

$$u = \frac{5{,}32}{0{,}94 \cdot (2{,}18 - 0{,}39)} = \frac{5{,}32}{1{,}68} = 3{,}17 \ m$$

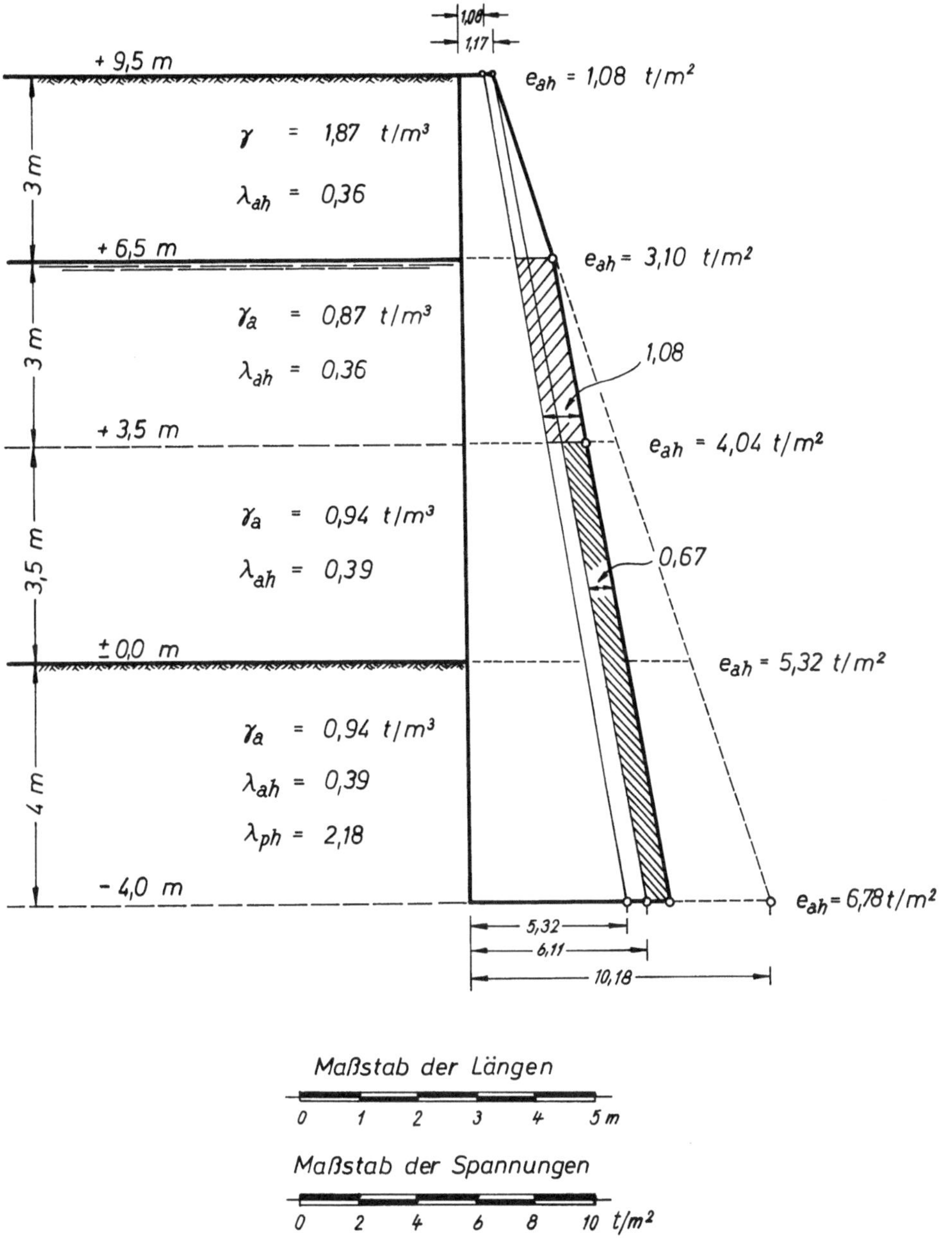

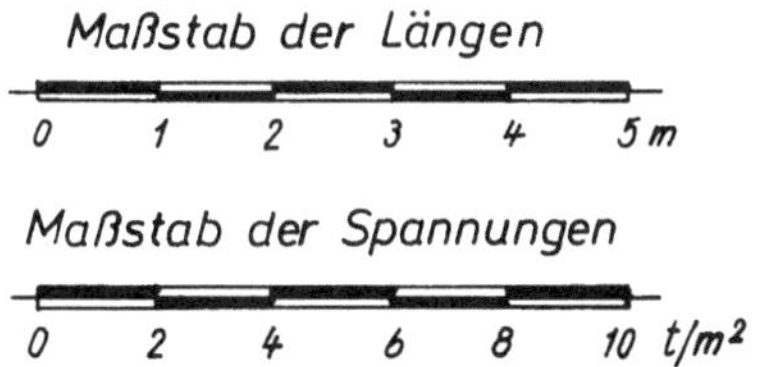

Abb. 2.4 Ermittlung der Erddruckordinaten.

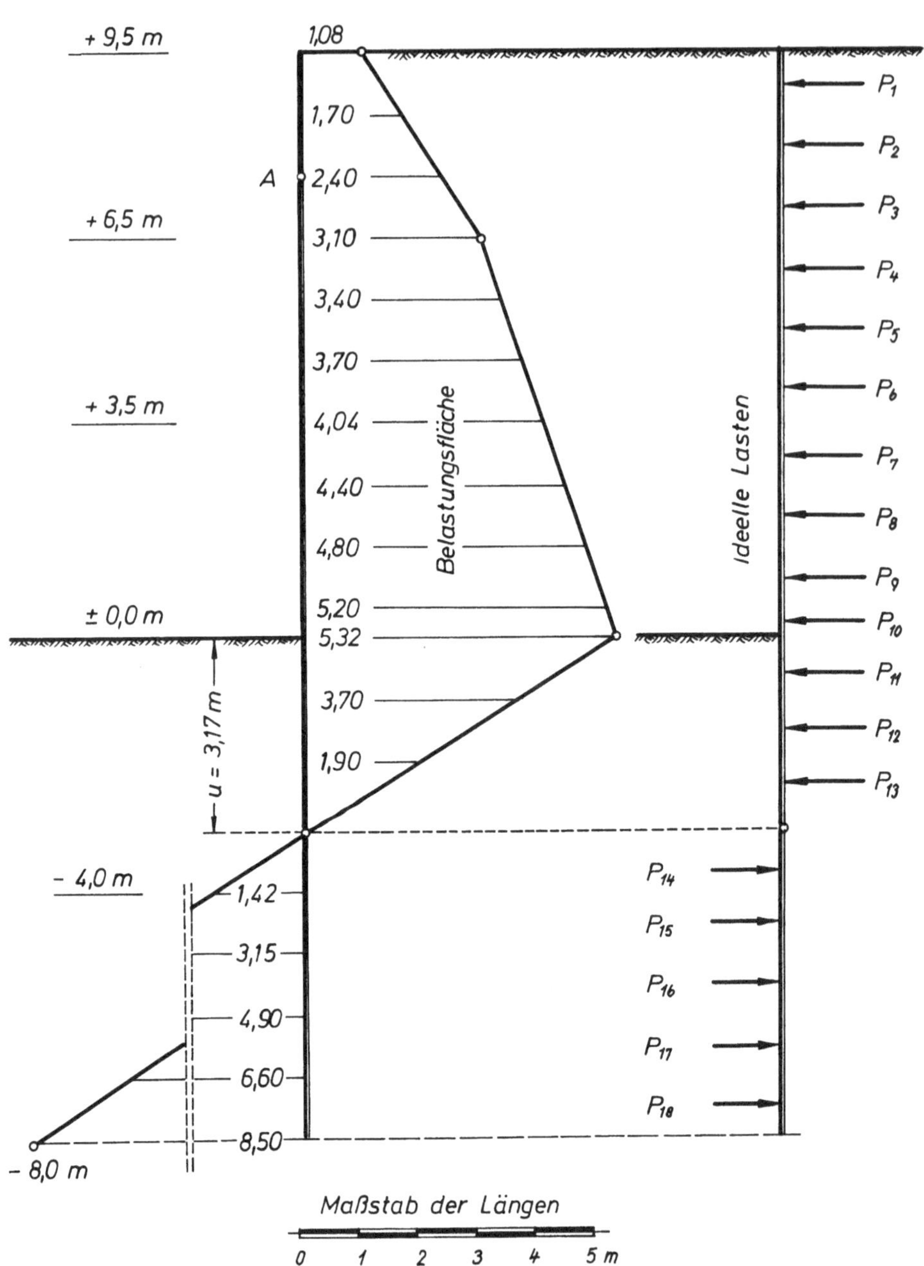

Abb. 2.5 Endgültige Belastungsfläche und
ideelle Lasten.

Tabelle 2.1 Ermittlung der ideellen Lasten
je 1 m Spundwandlänge.

Streifen	Breite	Höhe	Ideelle Last
—	m	t/m²	t/m
1	1,00	0,5(1,08+1,70)	1,39
2	1,00	0,5(1,70+2,40)	2,05
3	1,00	0,5(2,40+3,10)	2,75
4	1,00	0,5(3,40+3,10)	3,25
5	1,00	0,5(3,40+3,70)	3,55
6	1,00	0,5(3,70+4,04)	3,87
7	1,00	0,5(4,04+4,40)	4,22
8	1,00	0,5(4,40+4,80)	4,60
9	1,00	0,5(4,80+5,20)	5,00
10	0,50	0,5(5,20+5,32)	5,26
11	1,00	0,5(5,32+3,70)	4,51
12	1,00	0,5(3,70+1,90)	2,80
13	1,17	1,90	1,11
14	0,83	1,42	0,59
15	1,00	0,5(1,42+3,15)	2,29
16	1,00	0,5(3,15+4,90)	4,03
17	1,00	0,5(4,90+6,60)	5,75
18	1,00	0,5(6,60+8,50)	7,55

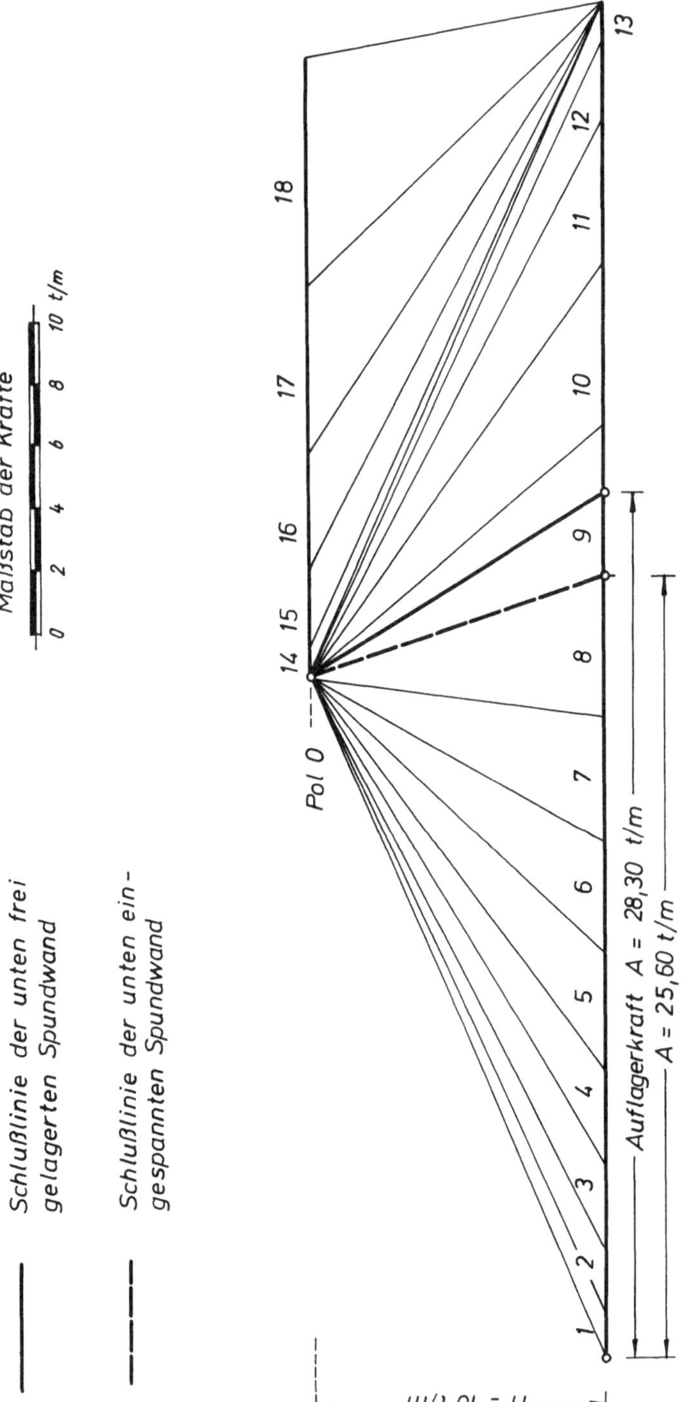

Abb. 2.6   Polplan zur Ermittlung des Seilecks.

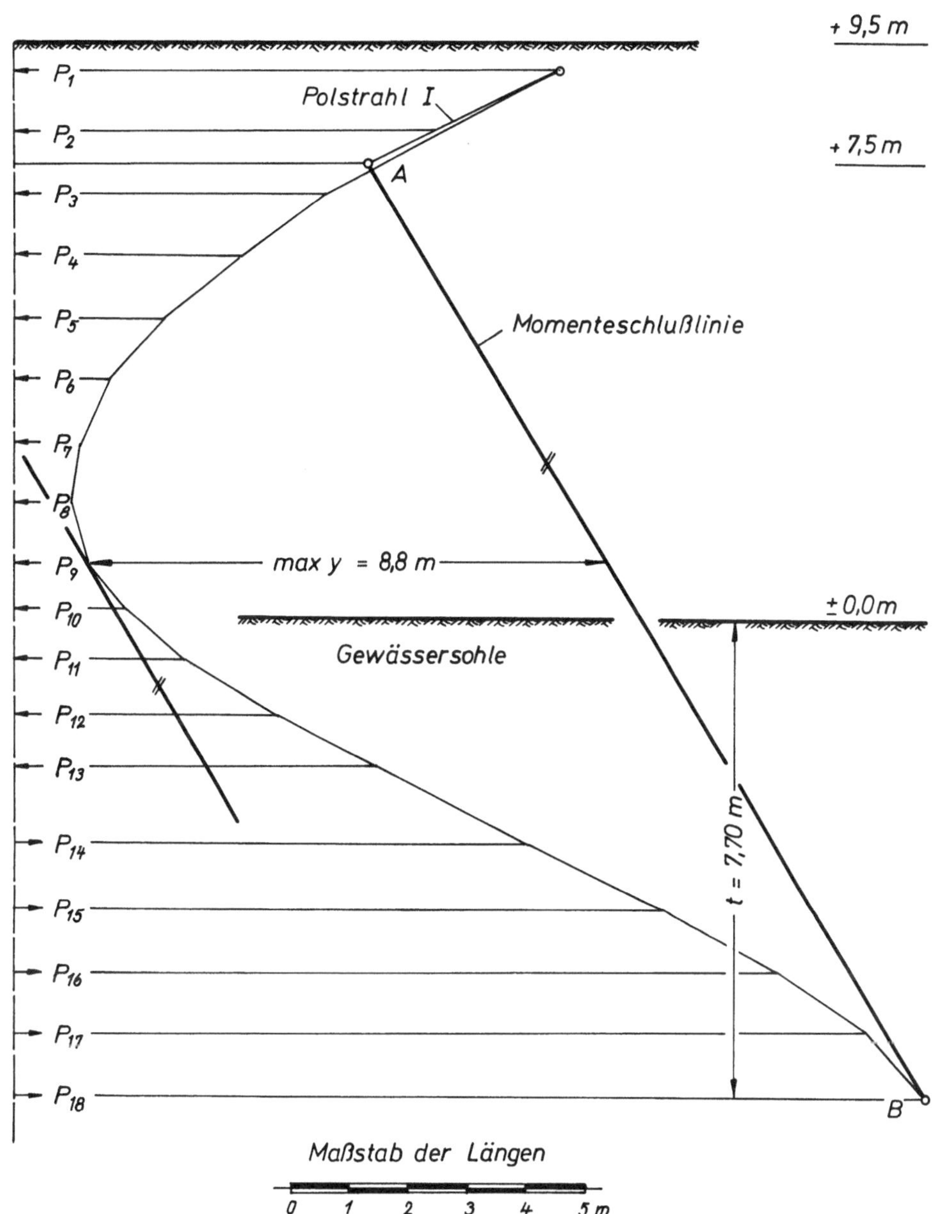

Abb. 2.7 Ermittlung des maximalen Momentes aus
dem Seileck.

Die endgültige Belastungsfläche ist mit diesen Werten in Abb. 2.5 dargestellt. Die Lage der ideellen Lasten ist ebenfalls in dieser Abbildung angegeben.

In Abb. 2.6 ist mit diesen ideellen Lasten, die in der Tab. 2.1 errechnet wurden, der Polplan gezeichnet. Mit den Polstrahlen dieses Polplanes ist in Abb. 2.7 das Seileck konstruiert. Aus dem Seileck greift man den maximalen Abstand ab:

$$\text{max } y = 8,8 \text{ cm} = 8,8 \text{ m.}$$

Nach Gl. (2.1) ist damit das maximale Biegemoment:

$$\text{max } M = 10,0 \cdot 8,8 = 88,0 \text{ tm/m.}$$

Die maximale Ankerzugkraft läßt sich aus dem Polplan abgreifen. Sie beträgt:

$$\text{max } A = 28,30 \text{ t/m.}$$

Die Rammtiefe läßt sich aus Abb. 2.7 abgreifen. Sie beträgt:

$$t = 7,70 \text{ m.}$$

Ergebnisse

Der Wasserdruck tritt auf beiden Seiten der Spundwand in gleicher Größe auf und ruft somit keine Biegung hervor. In vielen praktischen Fällen kann der Wasserspiegel jedoch auf der Landseite durch Wasserspiegelschwankungen höher stehen. Der dadurch resultierende Überdruck ist dann entsprechend zu berücksichtigen.

Eine unten frei gelagerte Spundwand ergibt zwar die geringste Rammtiefe, wie die Behandlung der unten eingespannten Spundwand später noch zeigen wird, sie ergibt aber gleichzeitig auch das größte aller Biegemomente und ist aus diesem Grunde in den meisten Fällen weniger wirtschaftlich als die unten eingespannte Spundwand.

Bei der Berechnung von Spundwänden in der hier dargestellten Weise wird der Erddruck so ermittelt, als würde sich die Wand um ihren unteren Fußpunkt drehen. Das ist aber infolge der Verankerung nicht der Fall, daher wird der Erddruck nicht theoretisch exakt bestimmt. Wie zahlreiche

Versuche gezeigt haben, dürfte er aber dem tatsächlichen
Verlauf hinreichend nahe kommen, so daß die hier und allgemein gewählte Berechnungsart keinen unzulässigen Fehler ein-
schließt.

Aufgabe 16 Graphische Ermittlung der Schnittkräfte und Momente einer oben frei gelagerten und unten eingespannten Spundwand nach BLUM

Die Spundwand der Aufgabe 15 soll so tief gerammt werden,
daß sie dem Zustand eines eingespannten Balkens mit einsei-
tiger freier Lagerung entspricht.

a) Wie groß ist die erforderliche Rammtiefe?

b) Wie groß ist das maximale Biegemoment?

c) Wie groß ist die Ankerzugkraft?

Grundlagen

Wenn die Momenteschlußlinie das Seilpolygon nicht wie
in Abb. 2.2b im Punkt B berührt, sondern unterhalb des Punk-
tes B (Abb. 2.8) schneidet, entsteht, wie man sehen kann,
eine Momentefläche, wie sie bei einer Einspannung der
Spundwand in ihrem unteren Teil auftreten würde.

Wenn die Momenteschlußlinie richtig gewählt ist, muß
die Biegelinie durch den Punkt A hindurchgehen, denn A ist
ein Auflager, in dem die Biegung gleich Null sein muß.

Der Verlauf der Biegelinie läßt sich schnell bestimmen,
indem man in der bekannten Weise die Momentefläche als Belastungsfläche auffaßt und daraus in der beschriebenen Weise ein Seileck konstruiert. Die Ordinaten des Seilecks stel-
len bei Berücksichtigung der gegebenen Maßstäbe die Ordinaten der Biegelinie dar.

Die Momenteschlußlinie wird jedoch beim ersten Versuch
kaum sofort richtig bestimmt werden können, infolgedessen
wird man eine Biegelinie erhalten, die nicht durch den
Punkt A hindurchgeht, sondern in einem bestimmten Abstand

daran vorbeiläuft. Dieser Fehler s der Biegelinie läßt sich
aber nach HEDDE (1937) durch eine einfache Rechnung schnell
korrigieren.

Die Berechnung der Schnittkräfte und Momente der unten
eingespannten Spundwand erfolgt im einzelnen nach folgendem
Rechenschema:

a) Ermittlung der horizontalen Ordinaten des aktiven
   Erddrucks.

b) Ermittlung der horizontalen Ordinaten des passiven
   Erddrucks.

c) Ermittlung der Differenz $e_{ah} - e_{ph}$ und zeichnerische
   Darstellung der Belastung mit dieser Differenz.

d) Berechnung des Belastungsnullpunktes nach Gl.(2.2).

e) Berechnung der ideellen Lasten P_n und zeichnerische
   Darstellung ihrer Lage.

f) Konstruktion des Seilecks in der beschriebenen Weise (Aufgabe 15).

g) Die Momenteschlußlinie wird versuchsweise durch die
   Punkte A und E gelegt. Der Punkt E liegt in der
   Höhe des Belastungsnullpunktes.

h) Mit der so konstruierten Momentefläche wird die
   Biegelinie ermittelt, indem man die Momentefläche
   als Belastungsfläche betrachtet. Der Polabstand H'
   wird, wie die Erfahrung gezeigt hat, am besten ungefähr so groß angenommen wie die Summe aller von
   links nach rechts wirkenden Lasten. Für einen be-
   liebigen Streifen der Momentefläche ist die ideelle
   Last:

$$K = H \cdot y_m \cdot h \qquad (tm^2/m) \quad (2.3)$$

H = Polabstand aus dem Polplan für die Bestimmung
    der Momentefläche (Abb. 2.6) in t/m

$y_m = \frac{1}{2}(y_0 + y_u)$ = mittlere Ordinate eines Streifens
    in t/m

h = Höhe eines Streifens in m

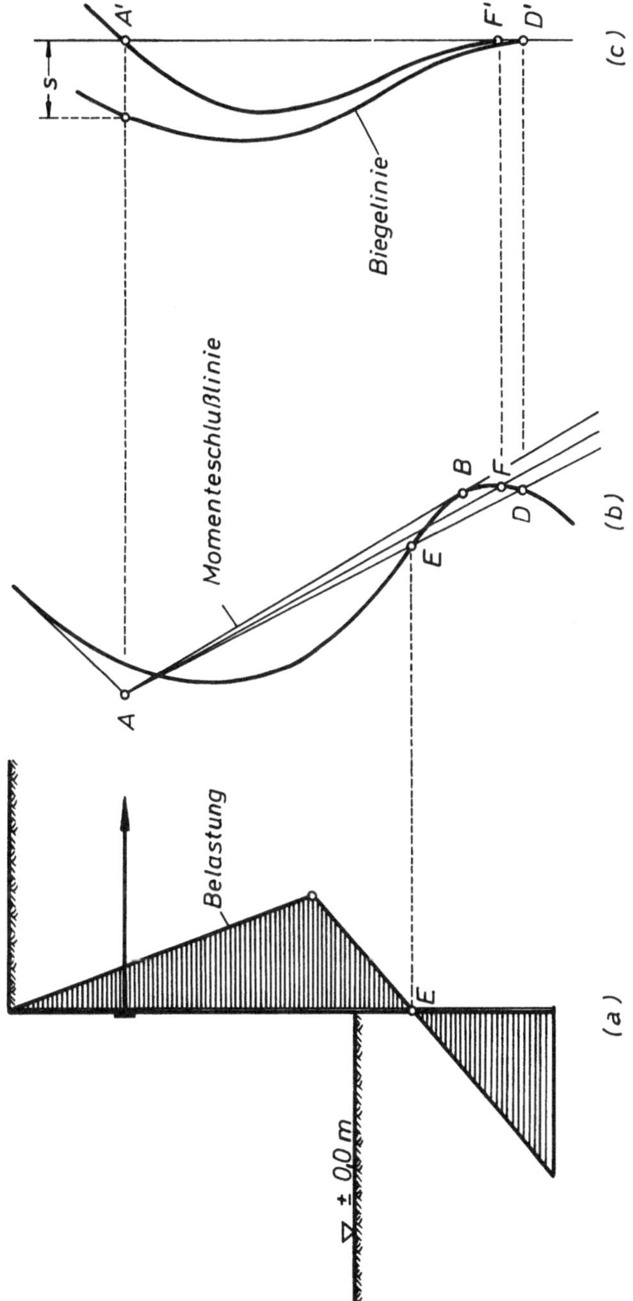

Abb. 2.8 Oben frei gelagerte und unten eingespannte Spundwand.

Die Schlußlinie der Biegelinie muß das Seilpolygon
aus den Kräften K im Punkt D' tangieren.

i) Wenn die Biegelinie nicht durch den Punkt A' hindurchgeht, muß die Momenteschlußlinie in Abb. 2.8b
um einen Betrag y um den Punkt A gedreht werden.
Δy ermittelt sich aus der Gl. (2.4):

$$\Delta y = \frac{3 \cdot H' \cdot M_z \cdot s}{l^2 \cdot H} \qquad \text{(cm)} \quad (2.4)$$

H' = Polabstand aus dem Polplan für die Biegelinie
in t/m

H   = Polabstand aus dem Polplan für die Momentefläche in t/m

s   = Fehler der Biegelinie im Maßstab der Zeichnung

l   = Abstand AD (Abb. 2.8b) im wirklichen Maßstab
in m

M_z = Zeichnungsmaßstab

j) Ermittlung der Rammtiefe unter dem Belastungsnullpunkt t_o und daraus die erforderliche Rammtiefe:

$$t = u + 1,2 \cdot t_o \qquad \text{(m)} \quad (2.5)$$

k) Das maximale Biegemoment und die Ankerzugkraft werden in der gleichen Weise bestimmt, wie in der Aufgabe 15 beschrieben wurde.

Lösung

In der Abb. 2.9 ist das Seilpolygon der Abb. 2.7 bis zu
einer Tiefe von 13 m unter der Gewässersohle erweitert worden. Die Momenteschlußlinie wurde versuchsweise durch den
Punkt A und den willkürlich gewählten Punkt D gelegt. In
der Tab. 2.2 wurden die ideellen Lasten der einzelnen Streifen nach der Gl. (2.3) ermittelt und die Lage ihrer An-
griffspunkte in Abb. 2.9 eingetragen. Mit diesen ideellen
Lasten wurde dann in Abb. 2.10 der Polplan mit einem Polabstand von H' = 100 tm^2/m gezeichnet.

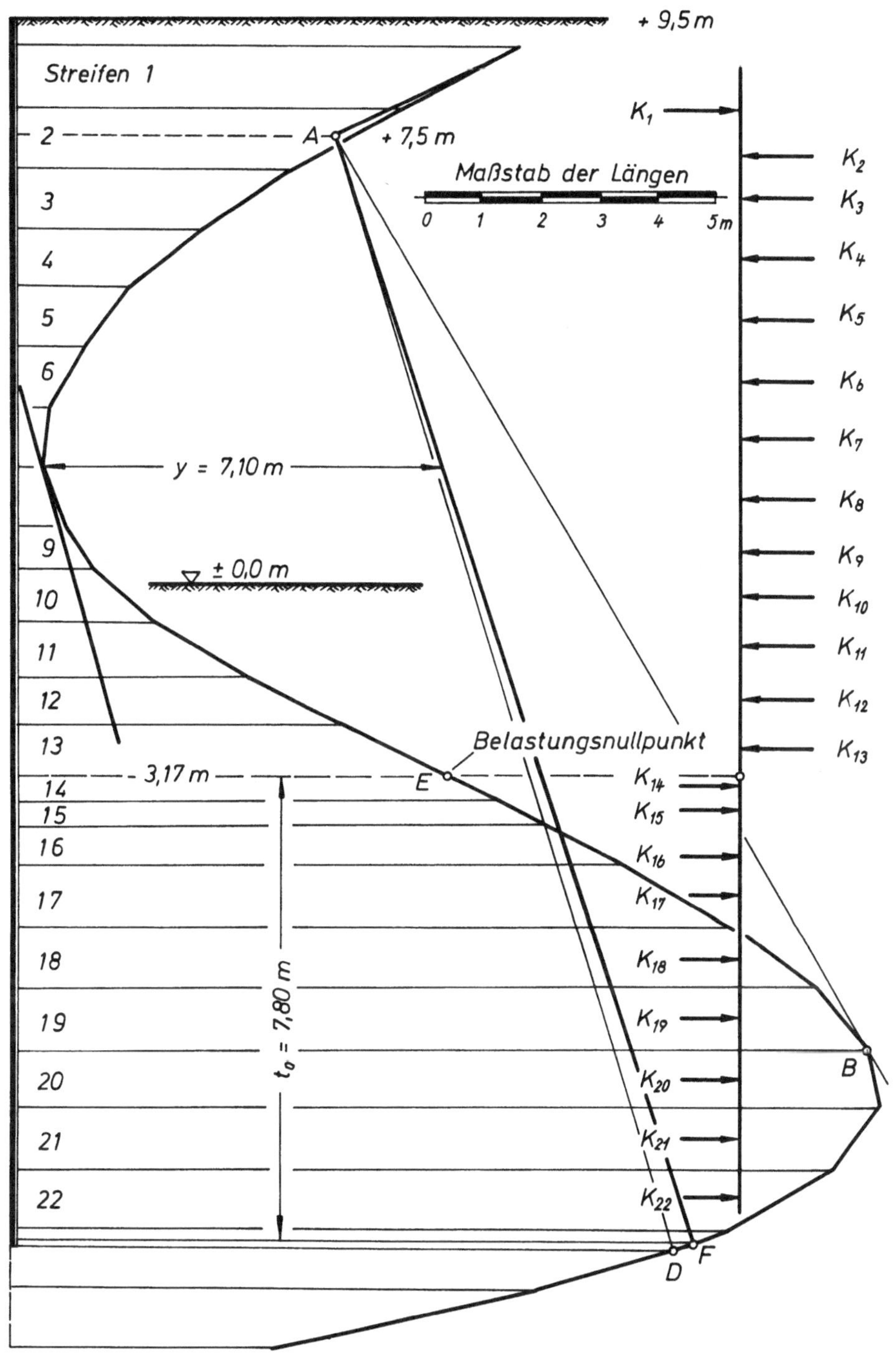

Abb. 2.9 Ermittlung der ideellen Lasten zur
Bestimmung der Biegelinie.

Tabelle 2.2   Ermittlung der ideellen Lasten K.

Streifen	y_o	y_u	y_m	h	K
—	m	m	m	m	tm^2/m
1	0,0	0,3	0,15	1,5	$0,23 \cdot 10$
2	0,0	0,8	0,40	0,5	$0,20 \cdot 10$
3	0,8	2,8	1,80	1,0	$1,80 \cdot 10$
4	2,8	4,4	3,60	1,0	$3,60 \cdot 10$
5	4,4	5,6	5,00	1,0	$5,00 \cdot 10$
6	5,6	6,5	6,05	1,0	$6,05 \cdot 10$
7	6,5	6,9	6,70	1,0	$6,70 \cdot 10$
8	6,9	6,9	6,90	1,0	$6,90 \cdot 10$
9	6,9	6,5	6,70	0,7	$4,69 \cdot 10$
10	6,5	5,8	6,15	0,8	$4,92 \cdot 10$
11	5,8	4,4	5,10	1,0	$5,10 \cdot 10$
12	4,4	3,0	3,70	0,8	$2,96 \cdot 10$
13	3,0	1,4	2,20	0,8	$1,76 \cdot 10$
14	1,4	0,7	1,05	0,4	$0,42 \cdot 10$
15	0,7	0,0	0,35	0,4	$0,14 \cdot 10$
16	0,0	1,1	0,55	0,6	$0,33 \cdot 10$
17	1,1	2,7	1,90	1,0	$1,90 \cdot 10$
18	2,7	3,9	3,30	1,0	$3,30 \cdot 10$
19	3,9	4,5	4,20	1,0	$4,20 \cdot 10$
20	4,5	4,3	4,40	1,0	$4,40 \cdot 10$
21	4,3	3,2	3,75	1,0	$3,75 \cdot 10$
22	3,2	0,0	1,60	1,3	$2,08 \cdot 10$

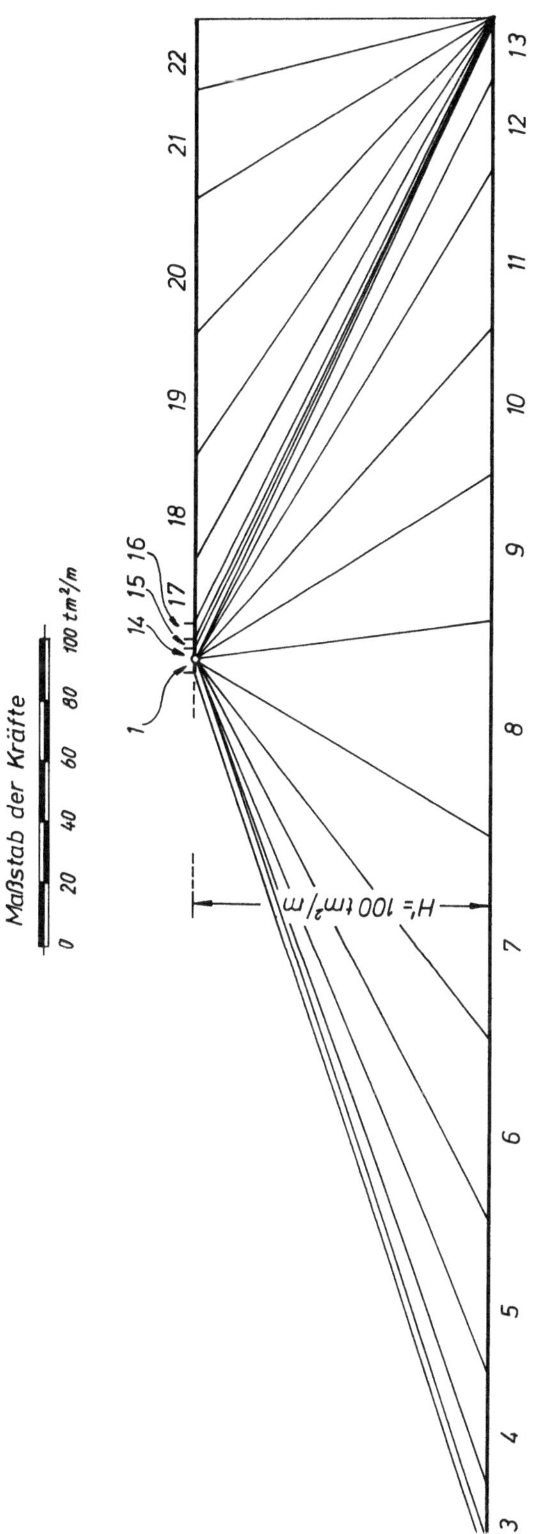

Abb. 2.10 Polplan zur Ermittlung der Biegelinie.

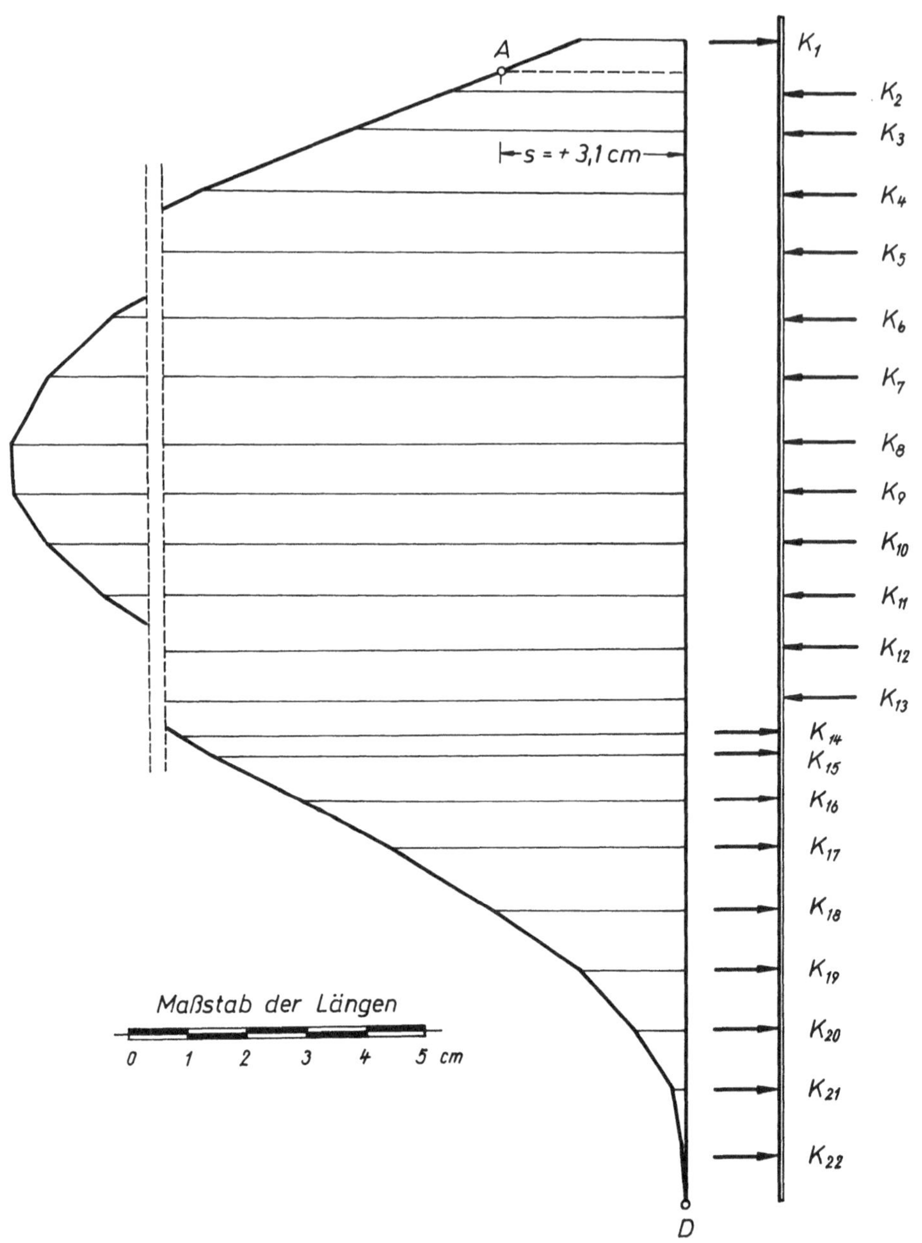

Abb. 2.11   Ermittlung der Biegelinie.

In Abb. 2.11 wurde mit diesem Polplan das Seileck graphisch ermittelt. Der Fehler der Biegelinie ist positiv und beträgt s = + 3,10 cm.

Mit der Gl. (2.4) bestimmt man die Korrektur:

$$\Delta y = \frac{3\cdot100\cdot100\cdot0,031}{19,6^2\cdot10} = 0,24\,m$$

Nach der Korrektur der Momenteschlußlinie in Abb. 2.9 erhält man den Punkt F und damit für t_0 = 7,80 m die Rammtiefe der unten eingespannten Spundwand:

$$t = u + 1,2\cdot7,8 = 3,17 + 9,36 = 12,53\,m$$

Das maximale Biegemoment der eingespannten Spundwand ist mit y = 7,10 m (Abb. 2.9):

$$\max M = 10,0\cdot7,10 = 71,00\,tm/m$$

Die Schlußlinie AF wurde in den Polplan (Abb. 2.6) übertragen, und man entnimmt für die Ankerzugkraft:

$$\max A = 25,60\,t/m$$

Ergebnisse

Tabelle 2.3 Vergleich der Schnittkräfte und Momente.

Gegenstand	Spundwand oben frei gelagert	
	unten frei gelagert	unten eingespannt
Rammtiefe t	7,70 m	12,50 m
maximales Biegemoment max M	88,00 tm/m	71,00 tm/m
Ankerzugkraft	28,30 t/m	25,60 t/m

Wie das Beispiel zeigt, ergibt sich bei ungünstigen Bodenverhältnissen für die eingespannte Spundwand eine Rammtiefe, die größer ist als die freie Spundwandhöhe. In solchen Fällen wird eine unten frei gelagerte Spundwand meistens die wirtschaftlichere Lösung darstellen.

Wenn der Boden unterhalb der Gewässersohle jedoch größere Reibung und Kohäsion besitzt als in diesem Beispiel, so wird die Rammtiefe der unten eingespannten Spundwand wesentlich geringer ausfallen. In vielen praktischen Fällen wird die Rammtiefe ungefähr die Hälfte der freien Spundwandhöhe erreichen.

Das Beispiel zeigt deutlich, daß unter ungünstigen Umständen wesentliche Abweichungen von diesem Richtwert auftreten können, daher müssen die Schnittkräfte, Momente und Rammtiefen sehr sorgfältig und unter Beachtung der ungünstigsten Bodeneigenschaften ermittelt werden, um folgenschwere Fehler zu vermeiden.

Man ist nicht gezwungen, mit den Schnittkräften und Momenten der unten eingespannten oder unten frei gelagerten Spundwand zu rechnen, sondern kann auch mit einer teilweise eingespannten Spundwand arbeiten, wenn dadurch ein besonders günstiges Spundwandprofil anwendbar ist. Die Momenteschlußlinie wird in diesem Falle zwischen die Punkte F und B des Seilpolygons gelegt, und zwar so, daß der maximale Abstand max y mit der günstigsten zulässigen Stahlspannung unter Anwendung der Gleichung:

$$W = \frac{H \cdot max\,y}{\sigma_{zul}} \quad (cm^3)$$

das gewünschte wirtschaftlichste Widerstandsmoment ergibt.

Aufgabe 17 Analytische Ermittlung der Rammtiefe, Schnittkräfte und Momente einer Spundwand nach BLUM

Für die Spundwand der Aufgabe 15 sind die Rammtiefe, Schnittkräfte und Momente analytisch nach dem Verfahren von BLUM (1950) zu ermitteln.

Vergleiche die Ergebnisse der graphischen und analytischen Berechnung miteinander.

Grundlagen

Aus der Abb. 2.9 ersieht man, daß in der Nähe der Gewässersohle das Biegemoment der unten voll eingespannten Spundwand gleich Null ist. In diesem Punkt wirkt auf die Spundwand also nur die Querkraft.

Faßt man die Querkraft als Auflagerkraft auf, so läßt
sich das statische System durch zwei aneinandergrenzende
Balken ersetzen. Das System oberhalb des Momentenullpunktes
stellt dann einen Balken auf zwei Stützen dar und das System unterhalb des Momentennullpunktes einen eingespannten
Balken, der in der Höhe des Momentenullpunktes durch die
Querkraft zusätzlich belastet wird.

Die theoretische Rammtiefe t kann dann aus den Gleich-
gewichtsbedingungen des unteren statischen Systems ermittelt
werden. Nach BLUM (1950) ist:

Für die unten voll eingespannte Spundwand

Rammtiefe: $\qquad t = u + 1{,}2 \cdot x \qquad$ (m) $\qquad$ (2.6)

$$x = \sqrt{\frac{6 \cdot M_a}{n \cdot l_E}} \qquad \text{(m)} \qquad (2.7)$$

M_a = $\sum P \cdot a$ (siehe Tab. 2.4, Spalte 7)

n = $(\lambda_{ph} - \lambda_{ah}) \cdot \gamma$ = Neigung der Erdwiderstandslinie
unterhalb der Gewässersohle

l_E = Abstand des Belastungsnullpunktes vom Anker A
in m

u = Abstand des Belastungsnullpunktes von der Gewässersohle $\pm$ 0,0 m in m

Für die unten frei gelagerte Spundwand

Rammtiefe: $\qquad t = u + z \qquad$ (m) $\qquad$ (2.8)

$$z = l_E \cdot \left[\cos(60° - \varphi) - 0{,}5 \right] \qquad \text{(m)} \qquad (2.9)$$

$$\cos 3\varphi = 1{,}0 - \frac{2 \cdot \sum P \cdot a}{M_c} \qquad (2.10)$$

$$M_C = \frac{n \cdot l_E^3}{6} \qquad\qquad (2.11)$$

Das maximale Biegemoment wird in der bekannten Weise für die Stelle der Spundwand errechnet, an der die Querkraft gleich Null ist. Die Berechnung erfolgt zweckmäßigerweise tabellarisch (siehe Tab. 2.4). Es ist:

$$max\, M = \sum Q \cdot \Delta a \qquad (tm/m) \qquad (2.12)$$

Δa = gegenseitiger Abstand der ideellen Lasten P

Für die unten eingespannte Spundwand ist die Ankerzugkraft:

$$A = \sum P = \frac{\sum P \cdot a}{l_E + x} - \frac{n \cdot x^3}{6 \cdot (l_E + x)} \qquad (t/m) \qquad (2.13)$$

Für die unten frei gelagerte Spundwand ist die Ankerzugkraft:

$$A = \sum P = \frac{n \cdot z^2}{2} \qquad (t/m) \qquad (2.14)$$

In der Tab. 2.4 bedeuten:

P = ideelle Last in t/m aus Abb. 2.5

Δa = gegenseitiger Abstand der ideellen Lasten P

a = Hebelarm der Lasten P um den Verankerungspunkt

Lösung

In der Tab. 2.4 sind die Größen ermittelt, die zur Lösung der Gl. (2.6) bis (2.14) erforderlich sind. Außerdem ist:

$$n = (2{,}18 - 0{,}39) \cdot 0{,}94 = 1{,}68$$

$$u = 3{,}17\, m \qquad (Aufgabe\ 15)$$

$$l_E = 7{,}50 + 3{,}17 = 10{,}67\, m$$

Rammtiefe der unten eingespannten Spundwand

$$M_a = \sum P \cdot a = 212{,}77\ tm/m \qquad (Tab.\ 2.4,\ Spalte\ 7)$$

$$t = u + 1{,}2 \cdot \sqrt{\frac{6 \cdot M_a}{n \cdot l_E}} = 3{,}17 + 1{,}2 \cdot \sqrt{\frac{6 \cdot 212{,}77}{1{,}68 \cdot 10{,}67}}$$

$$t = 3{,}17 + 1{,}2 \cdot \sqrt{71{,}10} = 3{,}17 + 10{,}13 = 13{,}30 \, m$$

Maximales Biegemoment für die unten eingespannte Spundwand:

Der Tab. 2.4 entnimmt aus der Spalte 10:
$$\max M = 62{,}81 \ tm/m.$$

Ankerzugkraft für die unten eingespannte Spundwand:

$$A = \sum P - \frac{\sum P \cdot a}{l_E + x} - \frac{n \cdot x^3}{6 \cdot (l_E + x)} \qquad (t/m)$$

$$x = \sqrt{\frac{6 \cdot M_a}{n \cdot l_E}} = 8{,}43 \, m$$

$$\sum P = 44{,}36 \ t/m \qquad\qquad (\text{Tab. } 2.4, \ \text{Spalte } 2)$$

$$\sum P a = 212{,}77 \ tm/m \qquad\qquad (\text{Tab. } 2.4, \ \text{Spalte } 7)$$

$$A = 44{,}36 - \frac{212{,}77}{10{,}67 + 8{,}43} - \frac{1{,}68 \cdot 8{,}43^3}{6 \cdot (10{,}67 + 8{,}43)}$$

$$A = 44{,}36 - 11{,}14 - 8{,}78 = 24{,}44 \ t/m$$

Rammtiefe der unten frei gelagerten Spundwand:

$$M_C = \frac{n \cdot l_E^3}{6} = \frac{1{,}68 \cdot 10{,}67^3}{6} = 340{,}14 \ tm/m$$

$$\cos 3\varphi = 1{,}0 - \frac{2 \cdot \sum P a}{M_C} = 1{,}0 - \frac{2 \cdot 212{,}77}{340{,}14} = -0{,}251$$

$$-\cos 3\varphi = \cos(180° - 3\varphi) = 0{,}251$$

$$\varphi = 34{,}83°$$

$$t = u + z = u + l_E \cdot \left[\cos(60° - \varphi) - 0{,}5 \right]$$

$$t = 3{,}17 + 10{,}67 \cdot (0{,}905 - 0{,}500)$$

$$t = 3{,}17 + 4{,}33 = 7{,}50 \, m$$

Tabelle 2.4   Analytische Berechnung einer Spundwand.

Nr.	P*	Höhe über ±0,0m	Δa	a**	a³	P·a	P·a³	Eingespannt A= 24,44		Frei gelagert A= 28,61	
								Q	Q·Δa	Q	Q·Δa
	t/m	m	m	m	m	tm/m	tm³/m	t/m	tm/m	t/m	tm/m
1	2	3	4	5	6	7	8	9	10	11	12
1	1,39	9,00	1,00	− 1,50	3,375	− 2,09	− 4,69	− 1,39	− 1,39	− 1,39	− 1,39
2	2,05	8,00	0,50	− 0,50	0,125	− 1,03	− 0,26	− 3,44	− 1,72	− 3,44	− 1,72
A₁	24,44	7,50	----	---	----	---	----	----	----	----	----
A₂	28,61	7,50	0,50	---	----	---	----	+ 21,00	+ 10,50	+ 25,17	+ 12,59
3	2,75	7,00	1,00	0,50	0,125	+ 1,38	+ 0,34	+ 18,25	+ 18,25	+ 22,42	+ 22,42
4	3,25	6,00	1,00	1,50	3,375	+ 4,88	+ 11,00	+ 15,00	+ 15,00	+ 19,17	+ 19,17
5	3,55	5,00	1,00	2,50	15,625	+ 8,88	+ 55,50	+ 11,45	+ 11,45	+ 15,62	+ 15,62
6	3,87	4,00	1,00	3,50	42,875	+13,55	+ 166,00	+ 7,58	+ 7,58	+ 11,75	+ 11,75
7	4,22	3,00	1,00	4,50	91,125	+19,00	+ 385,00	+ 3,36	+ 3,36	+ 7,53	+ 7,53
8	4,60	2,00	1,00	5,50	166,375	+25,30	+ 765,00	----	----	+ 2,93	+ 2,93
9	5,00	1,00	0,75	6,50	274,625	+32,50	+1373,00	----	----	----	----
10	5,26	0,25	0,75	7,25	381,078	+38,14	+2004,00	----	----	----	----
11	4,51	− 0,50	1,00	8,00	512,000	+36,08	+2310,00	----	----	----	----
12	2,80	− 1,50	0,89	9,00	729,000	+25,20	+2041,00	----	----	----	----
13	1,11	− 2,39		9,89	967,362	+10,98	+1074,00	----	----	----	----
ΣP= 44,36		(ohne A)			ΣP·a = M_a = + 212,77			ΣQ·Δa = + 63,03		ΣQ·Δa = + 88,90	

A₁ = Ankerzugkraft der eingespannten Spundwand
A₂ = Ankerzugkraft der frei gelagerten Spundwand

* siehe Tab. 2.1
** Abstand vom Anker

<u>Maximales Biegemoment der unten frei gelagerten Spund-</u>
<u>wand</u>:

Der Tab. 2.4 entnimmt man aus der Spalte 12:

$$\max M = 79,73 \text{ tm/m.}$$

<u>Ankerzugkraft für die unten frei gelagerte Spundwand</u>:

$$A = \sum P = \frac{n \cdot z^2}{2} = 44,36 - \frac{1,68 \cdot 4,33^2}{2}$$

$$A = 44,36 - 15,75 = 28,61 \ t/m$$

Ergebnisse

Tabelle 2.5 Vergleich der Ergebnisse aus graphischer
und analytischer Berechnung.

Gegenstand	*frei gelagert*		*eingespannt*	
	graphisch	*analytisch*	*graphisch*	*analytisch*
Rammtiefe t	7,70 m	7,50 m	12,50 m	13,30 m
Maximales Biegemoment	88,00 *tm/m*	88,40 *tm/m*	71,00 *tm/m*	63,03 *tm/m*
Ankerzugkraft	28,30 *t/m*	28,61 *t/m*	25,60 *t/m*	24,44 *t/m*

Die graphischen und analytischen Rechenergebnisse weichen nur geringfügig voneinander ab. Die graphische Lösung
ist, wie das Beispiel zeigt, sehr anschaulich und immer
dann vorzuziehen, wenn es darum geht, schnell einen Überblick über das Kräftespiel bei Veränderung der Spundwandabmessungen zu bekommen.

Wenn die Spundwandabmessungen festgelegt sind, sollte
man den endgültigen Nachweis aber stets analytisch führen.

Aufgabe 18 Standsicherheit der Verankerung einer Spundwand

Für die unten frei gelagerte Spundwand der Aufgabe 15 ist die Verankerung so zu entwerfen, daß die gesamte Spundwandkonstruktion standsicher ist und die Standsicherheit mindestens $\eta = 1,5$ beträgt.

a) Wie lang muß die Ankerwand sein, damit die Standsicherheit gewährleistet ist?

b) Wie tief muß die Ankerwand gegründet werden, damit die Standsicherheit gewährleistet ist?

c) Wie lang muß der Anker sein, damit die Standsicherheit gewährleistet ist?

Grundlagen

Nach KRANZ (1940) wird die Standsicherheit der Verankerung durch eine Untersuchung des Gleichgewichtes aller an dem Bodenkörper BEDK (Abb. 2.12) angreifenden Kräfte ermittelt. Auf die Ankerwand wirken die Ankerzugkraft und der Erddruck hinter der Spundwand. In der tiefen Gleitfuge wirken die Reibungskräfte und Kohäsionskräfte der verschiedenen vorhandenen Böden. Außerdem wird der Bodenkörper von der Erddruckkraft auf die Spundwand gestützt.

Wenn der Winkel der tiefen Gleitfuge ϑ_r größer ist als der Reibungswinkel ρ , dann muß auch die Auflast in den entsprechenden Bereichen berücksichtigt werden. Hinter der Ankerwand muß immer mit der Auflast gerechnet werden.

Die tiefe Gleitfuge beginnt bei unten frei gelagerten Spundwänden am Fuß der Spundwand (Punkt K). Bei voll eingespannten Spundwänden beginnt sie in der Höhe des Momentennullpunktes, der ungefähr mit dem Fuß der unten frei gelagerten Spundwand zusammenfällt.

Sämtliche angreifenden Kräfte werden zu einem Krafteck (Abb. 2.12) zusammengesetzt. Aus dem Krafteck läßt sich die maximal mögliche Ankerzugkraft $A_{mögl}$ abgreifen.

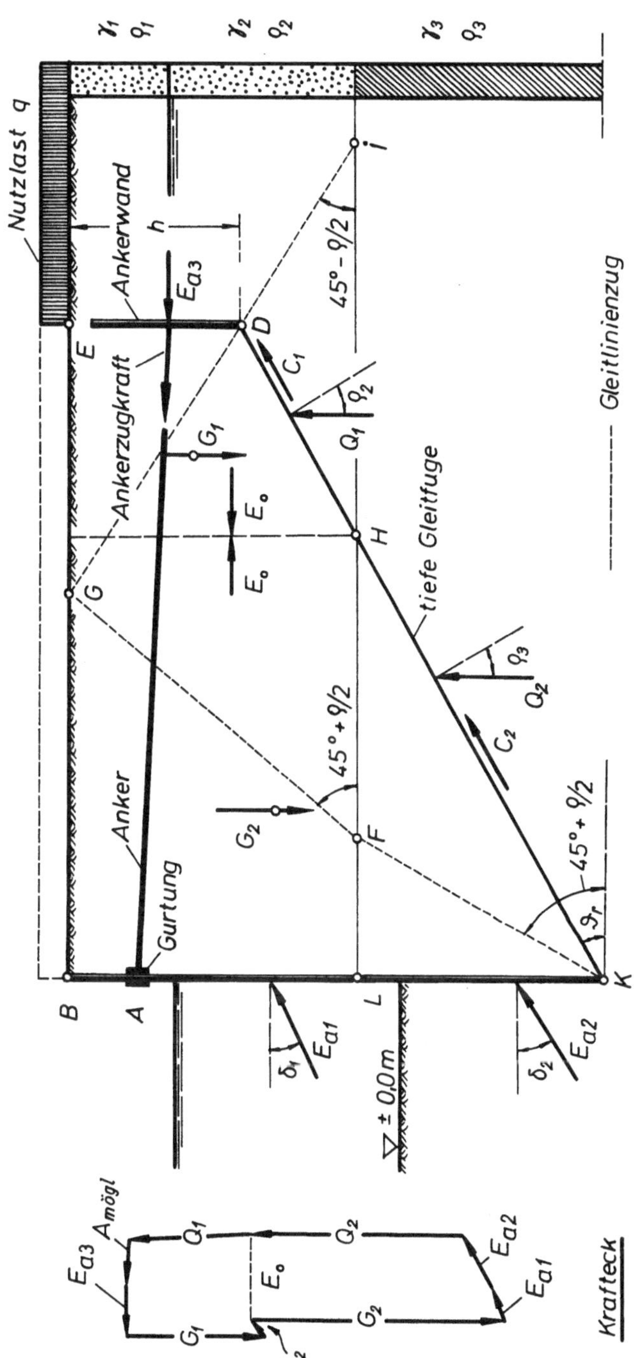

Abb. 2.12 Untersuchung der Standsicherheit der Verankerung.

Damit ist dann die Standsicherheit:

$$\eta = \frac{A_{mögl}}{A_{vorh}} \qquad (2.15)$$

Die Standsicherheit muß nach den deutschen Empfehlungen

$$h \geqq 1,5$$

sein.

Für die Berechnung der Länge der Ankerwand benötigt man
die Erdwiderstandsordinaten vor der Ankerwand. Sie sind:

$$e = e_p - e_a \qquad (t/m^2) \qquad (2.16)$$

Mit diesen Erdwiderstandsordinaten ergibt sich zum Beispiel für die Verhältnisse in Abb. 2.13 bei 1,5facher Sicherheit die Beziehung:

$$1,5A = \frac{1}{2}\cdot(h-x)\cdot(e_1+e_2) + \frac{1}{2}\cdot x\cdot(e_2+e_3) \qquad (t/m) \qquad (2.17)$$

A = graphisch oder rechnerisch ermittelte Ankerzug-
      kraft in t/m

Die Oberkante der Ankerwand muß nicht bis zur Geländeoberfläche geführt werden. Der volle Erdwiderstand kann aber
trotzdem bis zur Geländeoberfläche eingesetzt werden, wenn
folgende Bedingungen eingehalten werden:

h/x < 5,5 (für Böden in dichter Lagerung und nicht-
            bindige Böden)   (2.18)

h/x < 2,0 (für Böden in lockerer Lagerung und bindige
            Böden)   (2.19)

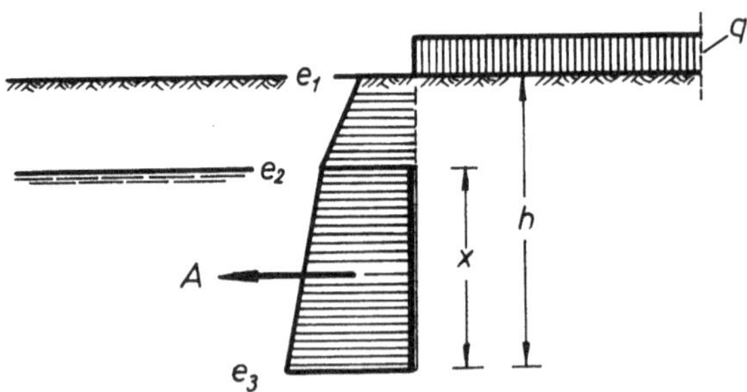

Abb. 2.13 Ermittlung der Länge x der Ankerwand.

Der horizontale Abstand der Ankerwand von der Spundwand
läßt sich angenähert aus den geometrischen Verhältnissen
des Gleitlinienzuges (Abb. 2.12) ermitteln. Man legt die
Ankerwand so, daß ihr Fußpunkt D den Gleitlinienzug GI berührt. Im Beispiel der Abb. 2.12 ist dann der Abstand:

$$\overline{BE} = \overline{LK}\cdot ctg\,(45°+\varphi_3/2) + \overline{BL}\cdot ctg\,(45°+\varphi_2/2) + \overline{ED}\cdot ctg\,(45°-\varphi_2/2) \qquad (m) \quad (2.20)$$

Lösung

Berechnung der Länge der Ankerwand

$$\Delta\lambda_a = \Delta\lambda_{ph} - \Delta\lambda_{ah} = +2{,}38$$

$$e_1 = \overline{AI} = 2{,}38\cdot3{,}0 = 7{,}14\ t/m^2$$

$$e_2 = \overline{KH}+\overline{BK} = 2{,}38\cdot3{,}0 + 1{,}87\cdot2{,}38\cdot3{,}0 = 7{,}14 + 13{,}34 = 20{,}48\ t/m^2$$

$$e_3 = \overline{LG} + \overline{FL} + \overline{BC}\ , \qquad \overline{BC} = \overline{BK} - \overline{CK}$$

$$\overline{BC} = 1{,}87\cdot2{,}38\cdot3{,}0 - 0{,}87\cdot2{,}38\cdot3{,}0 = 7{,}14\ t/m^2$$

$$e_3 = 2{,}38\cdot3{,}0 + 1{,}87\cdot2{,}38\cdot(x+0{,}5) + 7{,}14 = 4{,}45x + 16{,}51$$

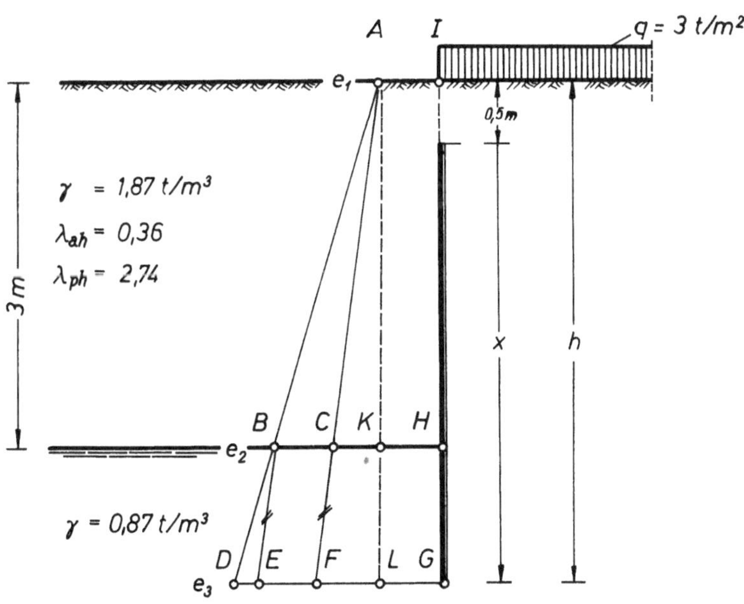

Abb. 2.14   Ermittlung des Erdwiderstandes vor der
Ankerwand.

Mit A = 28,61 t/m (Tab. 2.5) ist:

$$1{,}5A = 0{,}5 \cdot (e_1 + e_2) \cdot 3{,}0 \; + 0{,}5 \cdot (e_2 + e_3) \cdot (x - 2{,}50)$$

$$1{,}5 \cdot 28{,}61 = 0{,}5 \cdot (7{,}14 + 20{,}48) \cdot 3{,}0 \; + 0{,}5 \cdot (20{,}48 + 4{,}45x + 16{,}51) \cdot (x - 2{,}50)$$

$$x^2 + 5{,}81 \cdot x = 21{,}45$$

$$x = 2{,}56\,m \; \approx \; 2{,}6\,m$$

$$h = 2{,}60 + 0{,}50 = 3{,}10\,m$$

$$\frac{h}{x} = \frac{3{,}10}{2{,}60} = 1{,}20 \; < \; 2{,}0$$

Da h/x < 2,0 ist, ist die Berechnung des Erdwiderstandes bis zur Geländeoberfläche zulässig.

Berechnung des Abstandes der Ankerwand von der Spundwand

Nach Gl. (2.20) ist:

$$\overline{BE} = 11{,}0 \cdot ctg\ 54° + 6{,}0 \cdot ctg\ 59° + 3{,}10 \cdot ctg\ 31°$$

$$\overline{BE} = 11{,}0 \cdot 0{,}727 + 6{,}0 \cdot 0{,}601 + 3{,}1 \cdot 1{,}664$$

$$\overline{BE} = 8{,}0 + 3{,}6 + 5{,}15 = 16{,}75\,m$$

Prüfung, ob mit der Auflast vor der Ankerwand
gerechnet werden muß

Man zeichnet zunächst den Gleitlinienzug KFGI (Abb. 2.15), trägt dann die Tiefe h = 3,10 m von der Geländeoberfläche ab und erhält den Punkt D. Die Neigung der Geraden KD (tiefe Gleitfuge) läßt sich dann abgreifen oder auch berechnen. Aus Abb. 2.15 greift man ab:

$$\vartheta_r = 39{,}5° > 28° > 18°$$

Da ϑ_r größer ist als die vorhandenen Reibungswinkel, muß im gesamten Bereich des Gleitkörpers mit der Auflast q = 3 t/m^2 gerechnet werden.

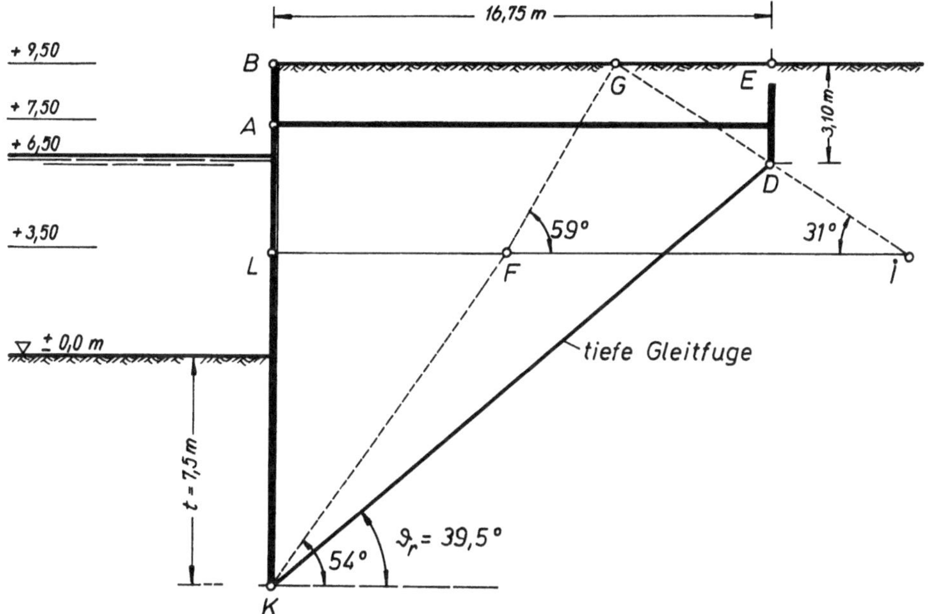

Abb. 2.15   Ermittlung der Neigung der tiefen Gleitfuge.

Berechnung der Erddruckordinaten der Spundwand und Ankerwand

Nach Abb. 2.4 ist:

$$E_{a1} = \frac{1}{\cos 28°}\left[0,5\cdot(1,08+3,10)\cdot3,0 + 0,5\cdot(3,10+4,04)\cdot3,0\right]$$

$$= \frac{1}{0,883}\cdot(6,27+10,71) = 19,23 \; t/m$$

$$E_{a2} = \frac{1}{\cos 18°}\cdot0,5\cdot\left(4,04 + \frac{11,0\cdot1,28}{3,5} + 4,04\right)\cdot11,0$$

$$= \frac{1}{0,951}\cdot(8,08+4,02)\cdot5,5 = 70,0 \; t/m$$

Die resultierenden Erddruckkräfte E_{a1} und E_{a2} wurden unter Berücksichtigung der ungünstigsten Verhältnisse mit dem Wandreibungswinkel $\delta = \varphi$ berechnet. Aus dem gleichen Grunde wurde die resultierende Erddruckkraft E_{a3} mit $\delta = 0$ berechnet (Abb. 2.16):

$$E_{a3} = 0.5\cdot(1,08+3,20)\cdot3,10 = 6,63 \; t/m$$

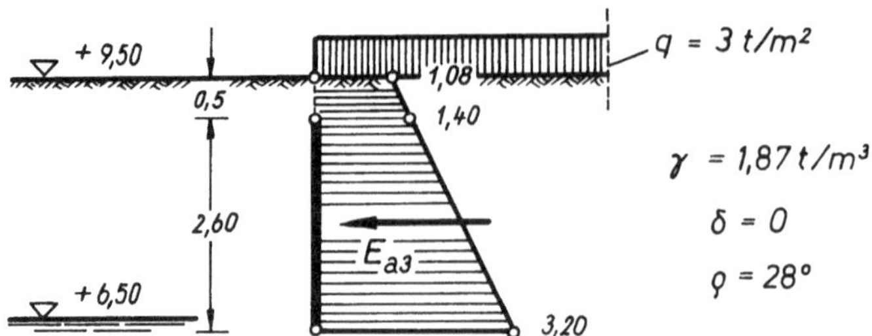

Abb. 2.16 Ermittlung des Erddruckes E_{a3} auf die Ankerwand.

Berechnung der Gewichte der Komponenten des Bodenkörpers einschließlich der Auflast (Abb. 2.17)

$$G_1 = 13{,}40 \cdot (3{,}0 \cdot 1{,}87 + 3{,}0 \cdot 0{,}87 + 3{,}0)$$

$$= 13{,}40 \cdot (5{,}61 + 2{,}61 + 3{,}0) = 150{,}35 \ t/m$$

$$G_2 = (16{,}75 - 13{,}40) \cdot (3{,}0 \cdot 1{,}87 + 0{,}1 \ 0{,}87 + 3{,}0)$$

$$= 3{,}35 \cdot (5{,}61 + 0{,}09 + 3{,}0) = 29{,}15 \ t/m$$

$$G_3 = 13{,}40 \cdot 11{,}0 \cdot 0{,}5 \cdot 0{,}94 = 69{,}28 \ t/m$$

$$G_4 = 2{,}90 \cdot (16{,}75 - 13{,}40) \cdot 0{,}5 \cdot 0{,}87 = 4{,}23 \ t/m$$

Berechnung der Kohäsionskraft in der tiefen Gleitfuge

Mit KH = 17,40 m ist:

$$C = 1{,}0 \cdot 17{,}40 = 17{,}40 \ t/m$$

Berechnung der Standsicherheit der Verankerung

In Abb. 2.17 sind alle Kräfte, die an dem Bodenkörper
BKDE angreifen, dargestellt und zu einem Krafteck zusammengesetzt. Dem Krafteck entnimmt man die mögliche Ankerzugkraft:

$$A_{mögl} = 38{,}00 \ t/m$$

Damit ist die Standsicherheit nach Gl. (2.15):

$$\eta = \frac{A_{mögl}}{A_{vorh}} = \frac{38{,}00}{28{,}61} = 1{,}33$$

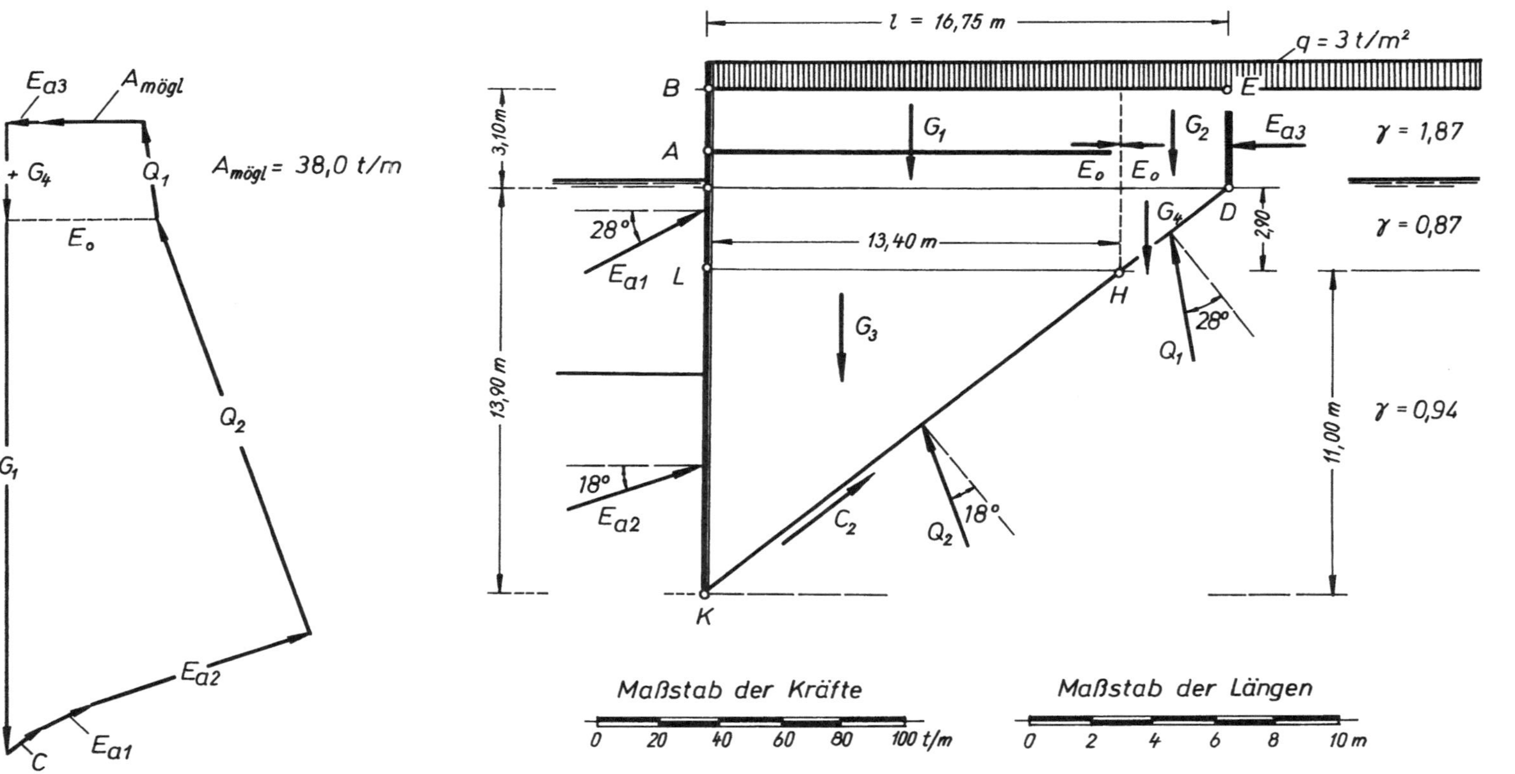

Abb. 2.17 Ermittlung der möglichen Ankerzugkraft.

Ergebnisse

Wie die Rechnung zeigt, wird die Forderung $\eta \geqq 1,5$ nicht erfüllt. Die Berechnung der Standsicherheit muß daher mit einem längeren Anker oder einer größeren Ankerwand analog zu dem vorgeführten Beispiel wiederholt werden.

Es läßt sich zeigen, daß die Standsicherheit gewährleistet ist, wenn mit der gleichen Ankerwand der Anker 18 m lang gewählt wird. Man erhält also endgültig:

Gründungstiefe der Ankerwand h = 3,10 m
Länge der Ankerwand........ x = 2,60 m
Länge des Ankers........... 1 = 18,00 m.

Aufgabe 19   Wirtschaftlichste Bemessung einer Spundwand

Die in Abb. 2.1, Aufgabe 15, dargestellte Spundwand soll so bemessen werden, daß die Herstellkosten ein Minimum erreichen.

Die Kalkulation der Rammkosten unter den gegebenen örtlichen Bedingungen hat den in Abb. 2.18 dargestellten Zusammenhang ergeben.

Ein Kostenpunkt in der Tab. 2.6 entspricht einem Wert von DM 3,20.

Welches Spundwandprofil in welcher Güteklasse ist am wirtschaftlichsten?

Grundlagen

Die Rammkosten können von vielen verschiedenen Einflüssen abhängen, wie zum Beispiel von der Lage der Baustelle, von der Jahreszeit, in der die Arbeiten durchgeführt werden, von den Lohnkosten, den Kosten der Betriebsmittel, den Bodenverhältnissen usw. Nach sorgfältiger Kalkulation aller Einflüsse läßt sich aber immer ein Diagramm, ähnlich dem der

Abb. 2.18, auftragen, aus dem die Rammkosten für verschiedene Spundwandprofile und Rammtiefen abgelesen werden können.

Tabelle 2.6   Zulässige Spannungen und relative Kosten
je t Spundwandgewicht.

Güteklasse	zulässige Spannung	Kostenpunkte je t
—	kg/cm²	—
37	1400	300
45/52	1600	345
50/60	1800	380
Spundwand-Sonderstahl	2100	410

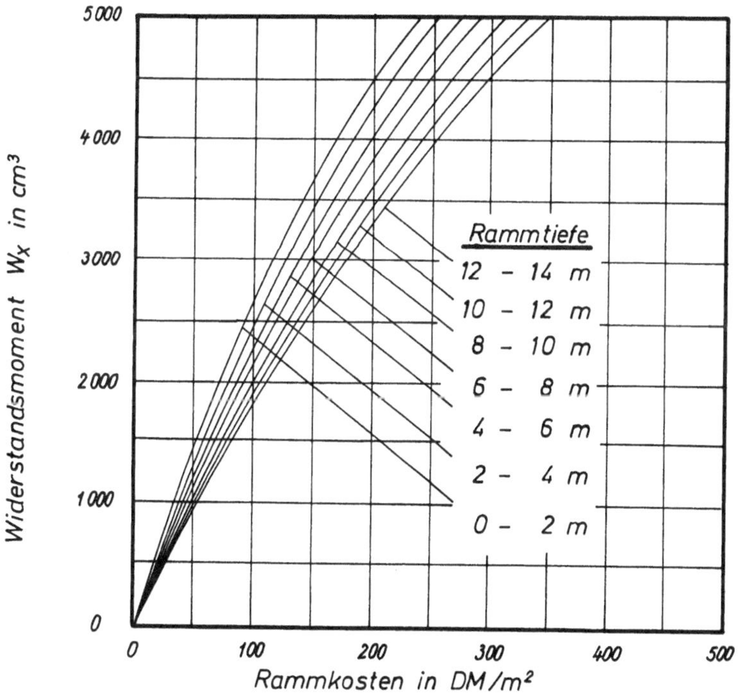

Abb. 2.18   Rammkosten als Funktion der Rammtiefe und
des Widerstandsmomentes.

Die Materialkosten werden von der Qualität und Menge des
verwendeten Stahls bestimmt. In Deutschland können die Materialkosten annähernd nach den Richtwerten der Tab. 2.6
ermittelt werden. Die Tab. 2.6 läßt sich in vielen Fällen
auch auf ausländische Spundwandprofile mit ähnlichen Festigkeitseigenschaften anwenden, da die Materialkosten im In-
und Ausland keine großen Unterschiede aufweisen.

Mit dem errechneten maximalen Moment wird das erforderliche Widerstandsmoment ermittelt. Es ist:

$$W_{erf} \;=\; \frac{max\,M}{\sigma_{zul}} \qquad\qquad (cm^3)\;\;(2.21)$$

Aus den einschlägigen Handbüchern kann dann ein Spundwandprofil mit dem Widerstandsmoment $W_{vorh} \geqq W_{erf}$ ausgewählt
werden. Da in den meisten Fällen das Widerstandsmoment des
gewählten Profiles größer ist als das erforderliche Widerstandsmoment, wird man aus wirtschaftlichen Gründen die
Rammtiefe so weit reduzieren, daß $W_{vorh} = W_{erf}$ wird.

Zu diesem Zweck wird die Schlußlinie in Abb. 2.9 so weit
um den Punkt A gedreht, bis:

$$y \;=\; \frac{M_{mögl}}{H} \qquad\qquad (m)\;\;(2.22)$$

$$M_{mögl} \;=\; W_{vorh} \cdot \sigma_{zul}$$

ist.

Nach der Drehung der Schlußlinie greift man t_0 ab und
berechnet die zugehörige Rammtiefe nach der Gl. (2.5). Die
Wand ist dann nicht mehr voll eingespannt. Die wirtschaftlichste Lösung ergibt sich aus der Summe der Kostenpunkte
für Rammkosten und Materialkosten für verschiedene Stahlgüteklassen.

Lösung

In der Tab. 2.7 wurden die maximalen Rammtiefen für verschiedene Stahlgüteklassen nach den Gl. (2.21) und (2.22)
und unter Verwendung der Abb. 2.9 ermittelt. In der Tab. 2.8
wurden die Materialkosten für verschiedene Güteklassen er-

rechnet. In der Tab. 2.9 wurden die Rammkosten unter Verwendung der Abb. 2.18 ermittelt. Die Rammkosten müssen in Kostenpunkte umgerechnet werden. Wenn ein Kostenpunkt einen Wert von DM 3,20 hat, so sind die Rammkosten der Tab. 2.9 durch 3,20 zu dividieren, um die gewünschten Kostenpunkte zu erhalten.

Tabelle 2.7   Ermittlung der Rammtiefe einer teilweise eingespannten Spundwand aus Larssen-Profilen (max M = 63,0 tm/m).

σ_{zul}	W_{erf}	Profil	W_{vorh}	$M_{mögl}$	max y	Rammtiefe
kg/cm^2	cm^3	—	cm^3	tm/m	m	m
1400	4500	VII	5000	70,0	7,00	12,60
1600	3940	VI	4200	67,2	6,72	12,90
1800	3500	VI	4200	75,5	7,55	11,80
2100	3000	V	3000	63,0	6,30	13,30

Tabelle 2.8   Ermittlung der Materialkosten für verschiedene Güteklassen in Kostenpunkten je 1 lfd. m Spundwand.

Güteklasse	Profil	Einheits-gewicht	Rammtiefe	Wandlänge	Gewicht je lfd.m	Einheits-kosten je t	Material-kosten
—	—	t/m^2	m	m	t	Punkte	Punkte
St 37	VII	0,310	12,60	22,10	6,85	300	2055
St 45/52	VI	0,290	12,90	22,40	6,50	345	2243
St 50/60	VI	0,290	11,80	21,30	6,20	380	2356
Sonder-stahl	V	0,238	13,30	22,80	5,40	410	2214

In der Tab. 2.10 sind die endgültigen Kosten für die verschiedenen untersuchten Spundwände zusammengestellt.

Ergebnisse

Die <u>niedrigsten Rammkosten</u> ergeben sich für das Profil Larssen V aus Spundwandsonderstahl und die <u>niedrigsten Materialkosten</u> für das Profil Larssen VII aus St 37. Die <u>niedrigsten Herstellkosten</u> ergeben sich aus der Summe der Rammkosten und Materialkosten für das Larssen-Profil V aus Spundwandsonderstahl.

Tabelle 2.9   Ermittlung der Rammkosten für verschiedene Güteklassen in DM je 1 lfd. m Wand.

Güteklasse	Profil	W_x	Rammtiefe	DM/m²	DM/m
St 37	VII	5000	0,0 − 2,0	240	480
			2,0 − 4,0	255	510
			4,0 − 6,0	270	540
			6,0 − 8,0	290	580
			8,0 −10,0	310	620
			10,0 −12,0	325	650
			12,0 −12,6	350	210
				Summe:	3590
St 45/52	VI	4200	0,0 − 2,0	175	350
			2,0 − 4,0	190	380
			4,0 − 6,0	210	420
			6,0 − 8,0	225	450
			8,0 −10,0	240	480
			10,0 −12,0	260	520
			12,0 −12,9	270	240
				Summe:	2840
St 50/60	VI	4200	0,0 − 2,0	175	350
			2,0 − 4,0	190	380
			4,0 − 6,0	210	420
			6,0 − 8,0	225	450
			8,0 −10,0	240	480
			10,0 −11,8	260	470
				Summe:	2550
Spundwand sonder- stahl....	V	3000	0,0 − 2,0	115	230
			2,0 − 4,0	125	250
			4,0 − 6,0	140	280
			6,0 − 8,0	150	300
			8,0 −10,0	165	330
			10,0 −12,0	175	350
			12,0 −13,3	180	230
				Summe:	1970

In vielen Fällen sind die Spundwandprofile mit den niedrigsten Materialkosten auch diejenigen mit den niedrigsten Herstellkosten. Das muß aber nicht immer so sein, wie das Beispiel dieser Aufgabe gezeigt hat.

Wenn es eben möglich ist, sollten zur Untersuchung der Wirtschaftlichkeit nur die Herstellkosten herangezogen werden, da allein diese eine sichere Aussage über die Wirtschaftlichkeit der Spundwandkonstruktion zulassen.

Tabelle 2.10 Ermittlung der Herstellkosten einer
Spundwand in Kostenpunkten je 1 lfd. m Wand ohne
Berücksichtigung der Verankerung und Gurtung.

Güteklasse	Profil	Rammkosten		Material-kosten	Herstell-kosten
—	—	DM	Punkte	Punkte	Punkte
St 37	VII	3590	1122	2055	3177
St 45/52	VI	2840	888	2243	3131
St 50/60	VI	2550	797	2356	3153
Sonder-stahl	V	1970	616	2214	2830

Aufgabe 20 Bemessung der Verankerung und Gurtung

Die Verankerung und Gurtung der in Abb. 2.1 dargestellten
Spundwand soll für eine Rammtiefe von t = 13,30 m (teilweise
eingespannte Spundwand) bemessen werden.

a) Welchen Durchmesser und welche Stahlgüte muß ein
    Rundstahlanker haben, damit die Verankerung stand-
    sicher ist?

b) Welchen Durchmesser und welche Stahlgüte muß ein
    Stahlkabelanker haben, damit die Verankerung stand-
    sicher ist?

c) Welches Profil und welche Stahlgüte muß die Anker-
    wand haben, damit die Verankerung standsicher ist?

d) Welches Profil und welche Stahlgüte muß die Gurtung
    haben, damit die Verankerung standsicher ist?

Lösung

Bemessung des Ankers

Man wählt als Ankerabstand die dreifache Doppelbohlen-
breite. Für das wirtschaftlichste Profil Larssen V ist die
Bohlenbreite B = 420 mm . Der Ankerabstand ist also:

$$6 \cdot B = 2,52 \text{ m}$$

Die Ankerzugkraft je 1 lfd. m ist für t = 13,30 m nach den Abb. 2.6 und 2.9:

$$A = 24,40 \ t/m.$$

Damit ist die Ankerzugkraft für den Ankerabstand von 2,52 m:

$$Z = 24,40 \cdot 2,52 = 61,50 \ m.$$

Den Tab. 2.12 und 2.13 entnimmt man die erforderlichen Stahlanker.

Tabelle 2.11 Mögliche Anker für die Spundwandkonstruktion der Aufgabe 15.

Anker	Außendurchmesser	Stahlgüte	$Z_{mögl}$
Rundstahlanker	82,6 mm	St 45/52	61,9 t
Stahlkabelanker	38,0 mm	St 120	61,5 t

Bemessung der Ankerwand

Zur Bemessung der Ankerwand kann der Erdwiderstand rechteckig verteilt angenommen werden. Das maximale Moment ist:

$$max \, M = \frac{A \cdot x}{8} = \frac{24,40 \cdot 2,60}{8} \cong 8,0 \ tm$$

x = Höhe der Ankerwand in m (siehe Aufgabe 18)

Für eine zulässige Stahlspannung von σ_{zul} = 1400 kg/cm^2 ist:

$$W_{erf} = \frac{800\,000}{1400} = 571,4 \ cm^3$$

Wählt man das Profil Larssen Ia neu aus St 37, so ist das vorhandene Widerstandsmoment:

$$W_{vorh} = 600 \ cm^3 > W_{erf} = 571,4 \ cm^3$$

Bemessung der Gurtung

Das maximale Moment für die Gurtung ist:

$$max \, M = \frac{A \cdot (6B)^2}{10}$$

$$max \, M = \frac{24,40 \cdot 2,52^2}{10} = 15,49 \ tm$$

Für eine zulässige Stahlspannung von σ_{zul} = 1400 kg/cm^2
ist:

$$W_{erf} = \frac{1\,549\,000}{1\,400} = 1\,106,4 \ cm^3$$

Wählt man 2 NP [320 aus St 33, so ist das vorhandene
Widerstandsmoment:

$$W_{vorh} = 1358 \ cm^3 > W_{erf} = 1030 \ cm^3$$

Die Gurtung der Ankerwand erfährt die gleiche Beanspru-
chung wie die Gurtung der Spundwand, daher wird auch dafür
das hier errechnete Profil verwendet.

2.2 Berechnungstafeln und Zahlenwerte

Tabelle 2.12 Zulässige Spannungen und Zugkräfte von Rundstahlankern.

Außendurchmesser		Gewicht	σ_{zul} im Kern in kg/cm²		Zulässige Zugkraft in t	
Zoll	mm	kg/m	St 37	St 52	St 37	St 52
1 1/2	38,1	9,0	1000	1500	8,4	12,6
1 5/8	41,3	10,5	1000	1500	9,5	14,3
1 3/4	44,5	12,2	1000	1500	11,3	17,0
2	50,8	15,9	1000	1500	14,9	22,4
2 1/4	57,2	20,1	1000	1500	18,8	28,3
2 1/2	63,5	24,9	1000	1500	24,0	36,1
2 3/4	69,9	30,1	1000	1500	28,8	43,3
3	76,2	35,8	1000	1500	35,1	52,8
3 1/4	82,6	42,0	1000	1500	41,3	61,9
3 1/2	88,9	48,7	1000	1500	48,8	73,3
3 3/4	95,3	55,9	1000	1500	56,0	83,9
4	101,6	63,6	1000	1500	64,7	97,1

Tabelle 2.13 Zulässige Zugkraft von Stahlkabelankern aus St 120 (σ_{zul} = 5850 kg/cm²).

Durchmesser	Gewicht	zul. Zugkraft
mm	kg/m	t
20	2,30	16,8
25	3,62	26,6
30	5,10	37,5
38	8,41	61,5
50	14,30	105,0

2.3 Literatur

BUCHHOLZ (1930/31) Erdwiderstand auf Ankerplatten. Jahrbuch
    d. Hafenbautechn. Gesellsch. 12, S. 300.

BLUM (1931) Einspannverhältnisse bei Bohlwerken und deren
    vereinfachte Berechnung mit Hilfe von "ideeller" und
    "stellvertretender" Belastung. Wilhelm Ernst & Sohn
    Berlin.

PETERMANN (1933) Bewegung und Kraft der Ankerplatte. Der
    Bauingenieur 14, S. 531.

BUCHHOLZ/PETERMANN (1935) Berechnungsverfahren für Anker-
    platten und Wände. Der Bauingenieur 16, S. 227.

AGATZ (1936) Der Kampf des Ingenieurs gegen Erde und
    Wasser im Grundbau. Wilhelm Ernst & Sohn Berlin.

KRANZ (1940) Über die Verankerung von Spundwänden. Wilhelm
    Ernst & Sohn Berlin.

LACKNER (1944) Berechnung mehrfach gestützter Spundwände.
    Wilhelm Ernst & Sohn Berlin.

BLUM (1944) Beitrag zur Berechnung von Spundwandfange-
    dämmen. Wilhelm Ernst & Sohn Berlin.

SCHULTZE (1948) Die Gleichung für die Rammtiefe frei auf-
    gelagerter Spundwände. Die Bautechnik 25, S. 265.

BRENNECKE/LOHMEYER (1948) Der Grundbau. Wilhelm Ernst &
    Sohn Berlin.

BLUM (1950) Beitrag zur Berechnung von Bohlwerken. Die
    Bautechnik 27, S. 45.

TERZAGHI/JELINEK (1954) Theoretische Bodenmechanik. Springer-
    Verlag Berlin-Göttingen-Heidelberg.

GRUNDBAUTASCHENBUCH (1955) Wilhelm Ernst & Sohn Berlin.

SCHLEICHER (1955) Taschenbuch für Bauingenieure.
    Springer-Verlag Berlin-Göttingen-Heidelberg.

3. Gründung von Straßen und Flugpisten

3.1 Aufgaben

Aufgabe 21 Bemessung der Deckschicht und Tragschichten nach STEELE unter Verwendung des Gruppenindex

Auf einem Untergrund, dessen Kornverteilungskurve in Abb. 3.1 dargestellt ist, soll eine Straße gebaut werden. Das Verkehrsvolumen beläuft sich auf höchstens 300 Kraftfahrzeuge täglich. Die Plastizitätszahl des Bodens ist w_{fa} = 16 %. Die Fließgrenze ist w_f = 42 %.

Wie dick müssen unter Beachtung der Mindestdicken nach STEELE die Deckschicht und die Tragschichten bemessen werden?

Grundlagen

In der Tab. 3.12 sind die erforderlichen Schichtdicken nach den Untersuchungen von STEELE (1945) für die Decke, die obere und die untere Tragschicht in Abhängigkeit vom Gruppenindex I und vom täglichen Verkehrsvolumen angegeben.

Diese Art der Dimensionierung einer Fahrbahnbefestigung wird als rein empirisches Verfahren bezeichnet, da keine theoretisch abgeleiteten Formeln zur Bemessung herangezogen werden. Die Ermittlung der Fahrbahnbefestigung mit dem Gruppenindex setzt voraus, daß der Untergrund eine Dichte von 95 % der Proctordichte und die Tragschichten eine Dichte von 100 % der Proctordichte erreichen. Der Grundwasserspiegel muß mindestens 1,5 m tief unter dem Rohplanum stehen.

Lösung

Der Gruppenindex ist (siehe BÖLLING: Bodenkennziffern und Klassifizierung von Böden):
$$I = 0{,}2a + 0{,}005 \cdot a \cdot c + 0{,}01 \cdot b \cdot d.$$

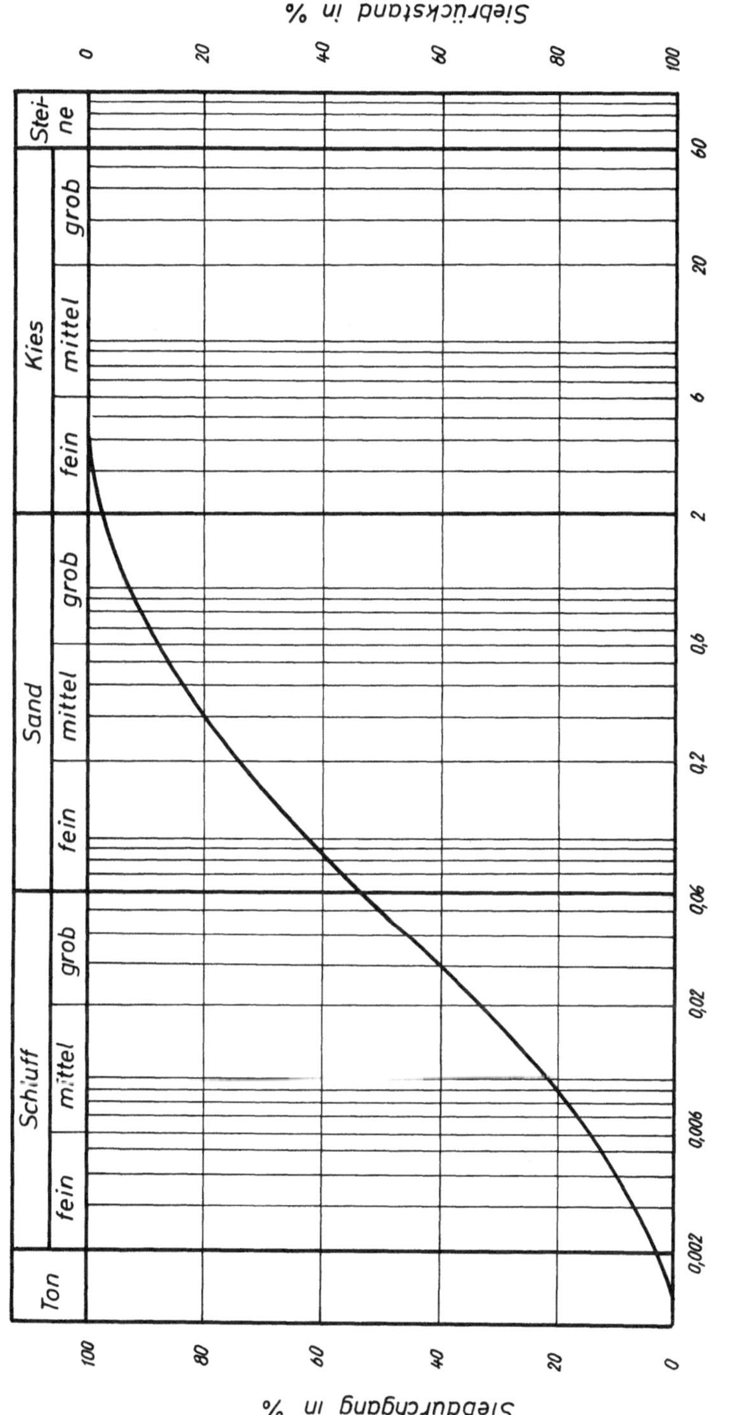

Abb. 3.1 Kornverteilungskurve.

Aus der Abb. 3.1 werden die Faktoren a und b bestimmt.

<u>Bestimmung von a</u>

Durch das Sieb 200 (d = 0,074 mm) gehen 56 % des Gesamt-
gewichtes. Also ist:

$$a = 56 - 35 = 21.$$

<u>Bestimmung von b</u>
(maximal möglich 55 %)
$$b = 55 - 15 = 40.$$

<u>Bestimmung von c</u>

$$c = w_f - 40 = 42 - 40 = 2$$

<u>Bestimmung von d</u>
$$d = 16 - 10 = 6$$

Damit ist:

$$I = 0,2 \cdot 21 + 0,005 \cdot 21 \cdot 2 + 0,01 \cdot 40 \cdot 6 = 6,81$$

Der Tab. 3.12 entnimmt man für mittleren Verkehr (täglich 50 - 300 Kfz) und für I = 6,81 folgende Schichtdicken:

Decke und obere Tragschicht 22,5 cm
Untere Tragschicht......... 20,0 cm

Wenn die Decke aus Teerasphaltfeinbeton und einer Binder-
schicht aus Teerasphaltbinder aufgebaut wird, so kann unter
Beachtung der Mindestdicken der in Abb. 3.2 dargestellte
Aufbau gewählt werden.

In diesem Beispiel wurde keine Berücksichtigung von
Frosteinflüssen gefordert. Wie bei der Berücksichtigung
von Frost vorzugehen ist, wird später behandelt.

Ergebnisse

Für den Aufbau der Fahrbahnbefestigung gibt es nicht
nur die in diesem Beispiel dargestellte Möglichkeit. Deckschicht und Binderschicht können auch aus anderen Materialien und in anderen Schichtdicken hergestellt werden.

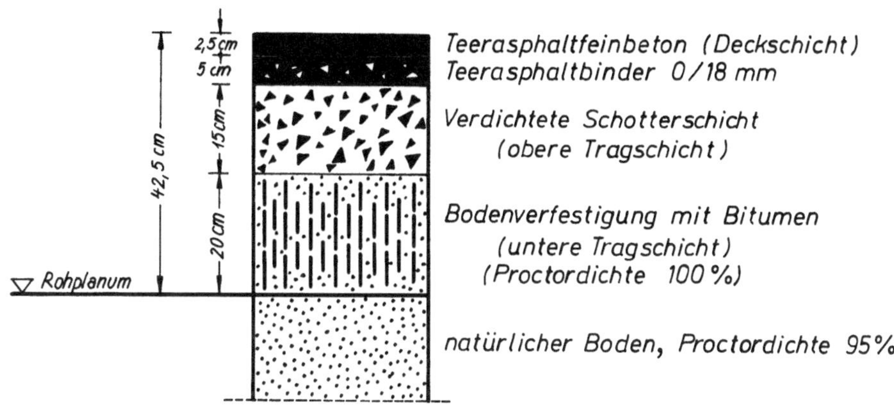

Abb. 3.2 Aufbau einer Fahrbahnbefestigung für die in
der Aufgabe 21 gegebenen Bedingungen.

Gleiches gilt auch für die Tragschichten. Die Gesamtdicke
des Oberbaues muß jedoch mindestens die erforderliche
Dicke erreichen. Man wird Materialien und Befestigungsart
immer den örtlichen Verhältnissen anpassen und eine solche
Lösung wählen, die von allen Möglichkeiten die billigste ist.

Aufgabe 22 Bemessung der Deckschicht und Tragschichten nach PELTIER unter Verwendung
des Gruppenindex

Für die in der Aufgabe 21 beschriebenen Verhältnisse soll
der Aufbau der Fahrbahnbefestigung nach PELTIER bestimmt
werden.

Wie dick muß unter Beachtung der Mindestdicken der Ober-
bau (Deckschicht und Tragschichten) bemessen werden?

Grundlagen

Die Dicke der Deckschicht und Tragschichten nach PELTIER
kann der Abb. 3.7 entnommen werden. PELTIER (1953) verwendet die gleichen Verkehrsklassen wie STEELE, und man liest
für den Gruppenindex I des Untergrundes und für die gegebene Verkehrsklasse unmittelbar die Gesamtdicke des Oberbaues
ab.

<u>Lösung</u>

Nach Abb. 3.7 ist die Oberbaudicke für I = 6,81 und für mittleren Verkehr:

$$d \text{ (Oberbau)} = 45 \text{ cm.}$$

Die Fahrbahnbefestigung kann in der gleichen Weise aufgebaut werden wie in Abb. 3.2. Die mit Bitumen verfestigte Schicht müßte in diesem Falle jedoch noch 2,5 cm dicker ausgeführt werden.

<u>Ergebnisse</u>

Die Werte von PELTIER und STEELE weichen nur unbedeutend voneinander ab und können stets dann mit Erfolg angewendet werden, wenn die Dimensionierung der Fahrbahnbefestigung nach empirischen Verfahren ohne Festigkeitsprüfung zugelassen ist.

Rein empirische Verfahren ohne Festigkeitsprüfung des Bodens reichen aber in den meisten Fällen nicht aus, da der Wassergehalt und die Dichte des Untergrundes nicht berücksichtigt werden und Böden mit gleichem Gruppenindex nicht immer auch die gleichen Festigkeitseigenschaften haben.

Die Bemessung von Fahrbahnbefestigungen unter Berücksichtigung der Festigkeitseigenschaften des Bodens wird im weiteren Verlauf eingehend beschrieben. Sie ist die heute allgemein übliche Art der Dimensionierung biegsamer Fahrbahnen.

Aufgabe 23   Bemessung der Deckschicht und Tragschichten nach der CBR-Methode

In einem Gelände, in dem mit Bodenfrost zu rechnen ist, soll eine Autobahn gebaut werden. In einem bestimmten Abschnitt verläuft die Autobahn im Einschnitt. Der CBR-Wert des natürlichen Bodens wurde für diesen Bereich durch CBR-Versuche im Gelände bestimmt und beträgt CBR = 6 %. Die Straße soll auf diesem natürlichen Untergrund ohne weitere Verdichtungsmaßnahmen verlegt werden.

Für die Frostschutzschicht ist eine Mindestdicke von
30 cm aus Sand und Kies vorgeschrieben. Der an der Baustelle
verfügbare Sand und Kies hat einen CBR-Wert von 26 %.

Für die einzelnen Schichten der Fahrbahnkonstruktion
werden folgende Materialien verwendet:

Deckschicht........: Splittreicher Asphaltfeinbeton
Binderschichten...: Asphaltbinder 0/18 mm
Obere Tragschicht.: Verdichteter bituminöser Sand und
                    Kies
Untere Tragschicht: Verfügbarer Sand und Kies
Frostschutzschicht: Verfügbarer Sand und Kies

Die zulässige Achslast der Fahrzeuge beträgt 16 t und die
zulässige Radlast 8 t.

Bestimme den Aufbau der Fahrbahnbefestigung für die gegebenen Verhältnisse.

Grundlagen

Die CBR-Methode wurde vom California State Highway Department USA und vom Corps of Engineers USA zwischen 1930
und 1945 für die Bemessung von Flugpisten und Straßen entwickelt. Die Abkürzung CBR bedeutet California Bearing
Ratio (California-Tragfähigkeitsziffer).

Die CBR-Methode hat gegenüber den rein empirischen Verfahren ohne Festigkeitsprüfung den Vorteil, daß durch einen
genormten Versuch (CBR-Versuch) auch die Festigkeit des Untergrundes festgestellt und bei der Bemessung berücksichtigt wird. Der CBR-Versuch kann im Gelände und im Labor
durchgeführt werden. Art und Durchführung des Versuches
sind u.a. ausführlich bei SCHULTZE/MUHS (1967) beschrieben.
Der Laborversuch verläuft in folgender Form:

a) In einem genormten Zylinder mit einem Durchmesser
    im Inneren des Zylinders von 15,2 cm (Querschnitts-
    fläche $F = 180$ cm^2) wird der Boden nach dem Proctor-
    verfahren künstlich verdichtet.

b) In einem Belastungsapparat für CBR-Versuche wird ein
    Stempel mit einem Durchmesser von 5 cm (Querschnitts-

fläche $f = 19,6$ cm^2) unter verschiedenen Drücken in
die Bodenprobe hineingedrückt und die Eindringung
gemessen. Die Vorschubgeschwindigkeit des Stempels
soll konstant sein und 1,25 mm/min betragen.

c) Man trägt die für verschiedene Einsenkungen gemesse-
nen Belastungen auf (Abb. 3.3) und liest die Versuchsbelastung für eine Eindringung von 2,5 mm und
5,0 mm aus diesem Diagramm ab.

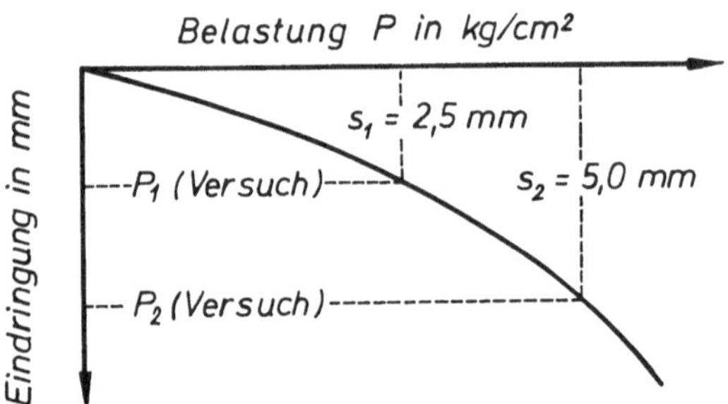

Abb. 3.3 Versuch zur Ermittlung des CBR-Wertes.

d) Die so ermittelte Versuchsbelastung P(Versuch) wird
mit einer Standardbelastung P(Standard) verglichen.
Der gesuchte CBR-Wert ist:

$$CBR = \frac{P(Versuch)}{P(Standard)} \cdot 100 \qquad (\%) \quad (3.1)$$

Die Standardbelastung wurde in Eichversuchen mit
einem Standardmaterial von besonders hoher Tragfähigkeit (gebrochener Fels) ermittelt und beträgt:

<u>Für s_1 = 2,5 mm</u>

P (Standard) = 1000 lbs/sq.in. = 70,3 kg/cm^2

<u>Für s_2 = 5,0 mm</u>   (3.2)

P (Standard) = 1500 lbs/sq.in. = 105,5 kg/cm^2

Maßgebend ist der kleinere CBR-Wert, der sich aus
dem Vergleich mit der Standardbelastung für s_1 oder
s_2 ergibt.

e) Insgesamt werden drei CBR-Versuche durchgeführt, und
   der mittlere CBR-Wert wird aus diesen drei Versuchen
   den Berechnungen zugrunde gelegt. Wenn unter örtlichen
   Bedingungen mit hohen Wassergehalten gerechnet werden muß, so sollten die CBR-Versuche mit der Proctordichte und bei völliger Wassersättigung durchgeführt
   werden. Unter dieser Bedingung fallen die CBR-Werte
   beträchtlich niedriger aus als bei der üblichen Ver-
   suchsdurchführung.

Im Gelände kann der CBR-Wert durch eine geeignete Ver-
suchseinrichtung in gleicher Weise für natürliche oder
künstlich verdichtete Böden ermittelt werden.

Auf Grund der CBR-Werte läßt sich eine hinreichend zu-
verlässige Aussage über die Eignung eines Bodens oder Stra-
ßenbaumaterials für den Bau von Straßen oder Flugpisten
machen. Tab. 3.1 gibt einen Überblick über die Eignung von
Böden und Straßenbaustoffen.

Tabelle 3.1 Eignung von Böden und Straßenbaustoffen.

Güte	CBR-Wert in %
Sehr schlechter Untergrund.......	2 - 4
Schlechter Untergrund.......	4 - 7
Mittelmäßiger Untergrund.......	7 - 15
Guter Untergrund.......	15 - 40
Ausgezeichneter Untergrund.......	40 - 100

In der Abb. 3.8 sind einige typische CBR-Werte für verschiedene Böden zusammengestellt.

Zur Bemessung der Deckschicht und Tragschichten werden
die Abb. 3.9 und 3.10 verwendet, in denen die Schichtdicke
als Funktion des CBR-Wertes und der Radlasten angegeben ist.

Tab. 3.13 gibt einen Überblick über Achslasten und Fahrzeuggewichte in verschiedenen europäischen Ländern.

Bei der Bemessung ist eine graduelle Zunahme der Festigkeit der einzelnen Schichten anzustreben. Man sollte stets
versuchen, folgende CBR-Werte zu erzielen:

$$\text{Untere Tragschicht : } \quad \text{CBR } 20 \text{ \% bis CBR } 30 \text{ \%}$$
$$\text{Obere Tragschicht : } \quad \text{CBR } \geqq 80 \text{ \%}$$

Lösung

Die <u>Mindestdicke der Deckschicht</u> aus Asphaltfeinbeton
beträgt in Deutschland 2,5 cm.

Die <u>Mindestdicke der Binderschicht</u> aus Asphaltbinder beträgt in Deutschland 3 cm.

Für CBR = 6 % und eine Radlast von 8 t ist mit Abb. 3.10
die Oberbaudicke:

$$d \text{ (Oberbau) } = 45 \text{ cm.}$$

Für CBR = 26 % und eine Radlast von 8 t ist mit
Abb. 3.10 die Oberbaudicke:

$$d \text{ (Oberbau) } = 15,5 \text{ cm.}$$

Mit diesen Schichtdicken ergibt sich die in Abb. 3.4
dargestellte Fahrbahnbefestigung. Die untere Tragschicht
übernimmt gleichzeitig auch die Rolle der Frostschutzschicht.

Ergebnisse

Die Gesamtdicke muß stets so groß sein, wie es für den
CBR-Wert des Untergrundes erforderlich ist. In diesem Falle
beträgt die Gesamtdicke 45 cm.

Die Dicke der oberen und unteren Tragschicht zusammen
ist stets die Differenz aus der Gesamtdicke und der Summe
der Decke und Binderschichten. In diesem Falle ist sie
45 - 2,5 - 3,0 = 39,5 cm.

Um die Dicke der oberen Tragschicht zu erhalten, nimmt
man die zum CBR-Wert der unteren Tragschicht gehörende
Oberbaudicke (in diesem Falle 15,5 cm) und zieht die Dicke
der Deckschicht und Binderschichten ab.

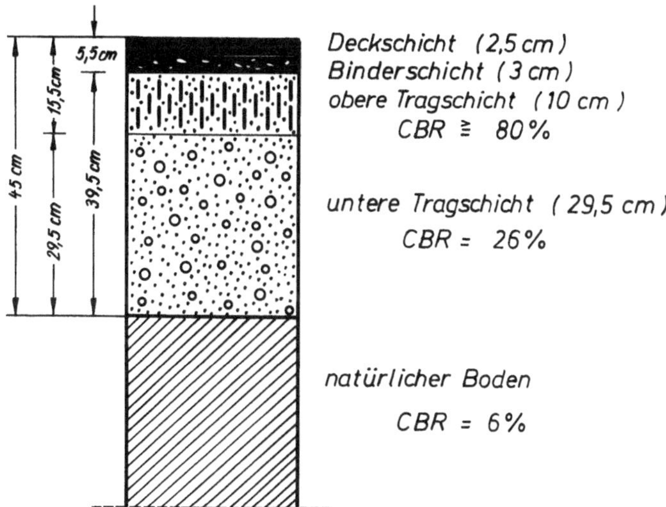

Abb. 3.4 Aufbau einer Fahrbahnbefestigung für die
in der Aufgabe 23 gegebenen Verhältnisse.

Die Dicke der unteren Tragschicht erhält man, indem man
die zum CBR-Wert der oberen Tragschicht gehörende Oberbaudicke von der Gesamtdicke abzieht. In diesem Falle beträgt
sie 45 - 15,5 = 29,5 cm.

In Großbritannien ist man in den letzten Jahren dazu
übergegangen, für Fahrbahnbefestigungen sechs genormte Entwurfsklassen einzuführen (Abb. 3.11 und Tab. 3.14). Drei
Entwurfsklassen gelten für den Fall, daß die obere Tragschicht mindestens einen CBR-Wert von 30 % hat, und die rest-
lichen drei für den Fall, daß die obere Tragschicht mindestens einen CBR-Wert von 20 % hat. Für den Entwurf muß
auch die Verkehrsentwicklung innerhalb der nächsten 20 Jahre
abgeschätzt werden. Sie wird bei der Bestimmung der Oberbaudicke berücksichtigt.

Wenn der CBR-Wert des Untergrundes in den Entwurfsklassen
1 bis 4 so klein ist, daß eine untere Tragschicht angeordnet
werden muß, so soll sie mindestens 15 cm dick sein. Für
Fahrbahnbefestigungen der Entwurfsklassen 5 und 6 soll sie
mindestens 7,5 cm dick sein. Man wird aus konstruktiven
Gründen versuchen, über größere Straßenabschnitte mit der

gleichen Entwurfsklasse, das heißt mit der gleichen Art der
Fahrbahnbefestigung, zu arbeiten. Auch ist es in der Praxis
üblich, über die volle Fahrbahnbreite die gleiche Art der
Fahrbahnbefestigung zu verwenden, obwohl die schweren Kraftfahrzeuge hauptsächlich die außenliegende Fahrbahn benutzen.
Da die Straße nach der größten Belastung bemessen wird,
sind die innenliegenden Fahrbahnen in den meisten Fällen
überdimensioniert und weisen nach längerer Benutzung weniger
Schäden auf als die außenliegenden Fahrbahnen.

Die sechs Entwurfsklassen wurden für die in Großbritannien geltende zulässige Achslast von 9 t (11 t für Doppel-
achsen) aufgestellt. In der Bundesrepublik Deutschland beträgt die zulässige Achslast ebenfalls 9 t (siehe Tab.3.13),
Abb. 3.11 ist also auch in der Bundesrepublik Deutschland
anwendbar.

Nach Abb. 3.11b (Entwurfsklasse 4) würden für die in
dieser Aufgabe gegebenen Verhältnisse bei einer Achslast
von 9 t folgende Schichtdicken erforderlich (CBR = 20 %):

        Deckschicht und Binderschicht: 5 cm
        Obere Tragschicht............:   15 cm
        Untere Tragschicht..........:   15 cm

Nach der Entwurfsklasse 4 muß die Gesamtdicke der Fahrbahnbefestigung also 35 cm betragen. Zu der gleichen Schichtdicke kommt man auch, wenn man die Abb. 3.9 für eine Achslast von 9 t (Radlast 4,5 t) anwendet.

Die Schichtdicken nach den Abb. 3.9, 3.10 und 3.11 lassen
sich nicht unmittelbar miteinander vergleichen, da sie nicht
von den gleichen Grundlagen ausgehen.

Der Einfluß der Verkehrsdichte auf eine Fahrbahnbefestigung dürfte aber wesentlich wichtiger sein als die in ge-
legentlichen größeren Abständen vorkommende Einwirkung einer sehr großen Radlast, daher scheint die Anwendung der
britischen Entwurfsklassen sehr gut zur Dimensionierung von
Fahrbahnbefestigungen in der Zukunft geeignet.

In den USA wurde vom Asphalt Institute ein neues Bemessungsverfahren für biegsame Fahrbahnbefestigungen entwickelt,

das ebenfalls die Verkehrsdichte innerhalb der nächsten 20
Jahre berücksichtigt. Die Anwendung dieser Methode wird in
den Aufgaben 24 und 25 behandelt.

Aufgabe 24 Bemessung der Deckschicht und Tragschichten nach dem Verfahren des Asphalt Institute USA

In einer Großstadt soll eine Stadtautobahn gebaut werden.
Aus Verkehrszählungen hat sich eine gegenwärtige Verkehrsdichte von 4000 Kraftfahrzeugen täglich ergeben. In dem
Stadtbezirk, in dem die Verkehrszählung durchgeführt wurde,
werden hauptsächlich Geschäfte und Betriebe der Leichtin-
dustrie angetroffen.

Die Untersuchung des Bodens in einem Bereich, in dem die
Stadtautobahn auf dem natürlichen Untergrund gegründet werden muß, zeigte folgende Bodenkennziffern:

<pre>
        CBR..................:   5 %
        Fließgrenze w_f.......:   26 %
        Plastizitätszahl w_{fa} :   3 %
</pre>

Für die einzelnen Schichten der Fahrbahnbefestigung sind
folgende Materialien vorgesehen:

<pre>
     Deckschicht...........: Asphaltfeinbeton
     Binderschicht.........: Asphaltbinder 0/18 mm
     Obere Tragschicht.....: Verdichtete Schotterschicht
     Untere Tragschicht....: Bodenverfestigung mit
                              Bitumen
</pre>

Frostschutzmaßnahmen sind nicht erforderlich.

Welchen Aufbau muß eine biegsame Fahrbahnbefestigung
nach den Empfehlungen des Asphalt Institute (MS-1) USA haben, damit die Stadtautobahn den Beanspruchungen des Ver-
kehrs für eine Entwurfsperiode von 20 Jahren standhält?

Grundlagen

In Nord- und Südamerika hat das Bemessungsverfahren des
nordamerikanischen Ashpalt Institute (Manual Series No. 1,
1964) weite Verbreitung gefunden. In diesem Verfahren wird

außer den Achslasten auch die Entwicklung der Verkehrsdichte für einen Zeitraum von 20 Jahren berücksichtigt. In dem
Bemessungsverfahren des Asphalt Institute werden einige Begriffe verwendet, die zunächst erklärt werden sollen.

<u>Anfänglicher täglicher Verkehr</u> (Initial Daily Traffic,
IDT), das ist die durchschnittliche tägliche Anzahl aller
Fahrzeuge in beiden Fahrrichtungen im ersten Betriebsjahr.

<u>Entwurffahrbahn</u> (Design Lane), das ist die Fahrbahn, auf
der die größte Anzahl äquivalenter 8-t-Einachslasten
(18 000 lb) erwartet wird. Es ist gewöhnlich die außenliegende Fahrbahn einer mehrspurigen Straße. Bei zweispurigen
Straßen sind es beide Fahrbahnen in gleicher Weise.

<u>Entwurfperiode</u> (Design Period), das ist die Anzahl von
Jahren bis zur ersten Deckenerneuerung.

<u>Äquivalente 8-t-Einachslast</u> (Equivalent 18 000-Pound
Single-Axle Load), das ist der Einfluß auf das Verhalten
der Fahrbahn infolge einachsiger oder mehrachsiger Lasten,
die der Anzahl von 8-t-Einachslasten gleichwertig sind[1].

<u>DT-Nummer</u> (Design Traffic Number), das ist die durch-
schnittliche tägliche Anzahl äquivalenter 8-t-Einachslasten,
die für die Entwurffahrbahn in der Entwurfperiode erwartet
wird. Die DT-Nummern können für verschiedene IDT-Nummern
und Fahrbahnarten den Abb. 3.13 und 3.14 entnommen werden.
Die Abb. 3.13 und 3.14 sind für eine Entwurfperiode von 20
Jahren ausgearbeitet und berücksichtigen einen jährlichen
Zuwachs des Verkehrsvolumens von etwa 3 % während der Entwurfperiode. Wie mit kleineren oder größeren Entwurfperio-
den gearbeitet wird, wird in einem späteren Beispiel erklärt.

In den Empfehlungen des Asphalt Institute sind darüber
hinaus auch Beispiele gegeben, wie die DT-Nummer an Ort und
Stelle genau errechnet werden kann. Diese Aufgabe fällt
nicht in den Bereich der Bodenmechanik für Straßenbauwerke,

---

[1]Der Abb. 3.12 lassen sich Faktoren entnehmen, mit denen
abweichende Achslasten auf die 8-t-Einachslast umgerechnet
werden können. Aufgabe 25 gibt dafür eine Anwendung.

wird aber wegen ihrer Bedeutung für die richtige Bemessung
auch im Rahmen dieses Buches behandelt (Aufgabe 25). Im allgemeinen genügen für den Entwurf einer Fahrbahnbefestigung
die DT-Nummern nach den Abb. 3.13 und 3.14.

<u>Verkehrsklassen</u> (Traffic Classification)

Leichter Verkehr	DTN $\leqq$	10
Mittlerer Verkehr	DTN	10 – 100
Schwerer Verkehr	DTN $\geqq$	100

<u>Die Stadtstraße</u> (City Street) ist eine innerstädtische
Straße mit mehr als 95 % Anteil an Personenfahrzeugen und
leichten Lastkraftwagen. In Abb. 3.14 wird der obere Bereich des dort dargestellten Bandes für Straßen in Ge-
schäftsvierteln und Gebieten mit leichter Industrie und der
untere Bereich für Straßen in Wohnvierteln verwendet.

<u>Die örtliche Landstraße</u> (Local Rural Road) ist eine
Straße mit etwa 85 % Anteil an Personenfahrzeugen und
leichten Lastkraftwagen. In Abb. 3.13 wird der obere Teil
des dort dargestellten Bandes für Straßen verwendet, deren
Anteil an schweren Lastkraftwagen groß ist. Der untere Teil
gilt für ländliche Wohngebiete und landwirtschaftliche Ge-
biete.

<u>Die interurbane Autobahn</u> (Interurban Highway) hat einen
Anteil von 5 % bis 25 % an schweren Lastkraftwagen. Der
obere Teil des in Abb. 3.13 dargestellten Bandes gilt für
Straßen dieser Klasse in Industriebezirken und der untere
Teil für Straßen in ausgesprochen ländlichen Bezirken.

<u>Die Stadtautobahn</u> (Urban Highway) hat einen höheren An-
teil an Personenwagen und leichten Lastkraftwagen als die
interurbane Autobahn. Der Anteil an schweren Lastkraftwagen
beträgt meistens weniger als 5 %. Für diesen Fall ist der
untere Teil des in Abb. 3.14 dargestellten Bandes zu verwenden. In stark industrialisierten Gebieten kann der Anteil an schweren Lastkraftwagen auf 20 % ansteigen. Für
diesen Fall ist der obere Teil des in Abb. 3.14 dargestellten Bandes anzuwenden.

Anforderungen an Boden und Baustoffe

Asphaltbeton. Die Mindestanforderungen sind denen der deutschen Richtlinien ähnlich. Einzelheiten zur Herstellung von Asphaltbeton findet man in den Veröffentlichungen des Asphalt Institute:

a) Specifications and Construction Methods for Asphalt Concrete and Other Plant Mix Types (SS-1).

b) Mix Design Methods for Asphalt Concrete and Other Hot-Mix Types (MS-2).

Obere Tragschicht aus nichtbindigem Material. Der maximale Korndurchmesser soll nicht größer sein als die Hälfte der verdichteten Schicht. Das Material für die obere Tragschicht soll außerdem die Bedingungen der Tab. 3.2 erfüllen.

Tabelle 3.2 Bedingungen für Materialien zur Herstellung der oberen Tragschicht.

Gegenstand	Leichter Verkehr	Mittlerer und schwerer Verkehr
CBR...................	80 %	100 %
Fließgrenze w_f......	25 %	25 %
Plastizitätszahl w_{fa}	6 %	3 %

Für die Verdichtung muß mindestens ein Wert von 100 % AASHO Designation T 180, Method D, für alle Verkehrsklassen eingehalten werden.

Für Tragschichten aus Asphaltbeton muß mindestens eine Verdichtung von 97 % ASTM D 1559, D 1560 oder AASHO T 169 erzielt werden.

Untere Tragschicht. Der maximale Korndurchmesser soll nicht größer sein als die Hälfte der verdichteten Schicht. Das Material für die untere Tragschicht soll außerdem die Bedingungen der Tab. 3.3 erfüllen.

Tabelle 3.3 Bedingungen für Materialien zur Herstellung der unteren Tragschicht.

CBR	Fließgrenze w_f	Plastizitätszahl w_{fa}
20 %	25 %	6 %

<u>Der Untergrund aus bindigen Böden</u> muß mindestens mit
95 % AASHO T 180, Method D, für die in der Tab. 3.4 gegebenen Tiefen verdichtet werden.

Tabelle 3.4   Empfohlene Tiefen für die Verdichtung
              bindiger Böden.

Verkehrsklasse (DT - Nummer)	Tiefe der Verdichtung in cm
Leichter Verkehr ($\leqq$ 10)	15 - 30
Mittlerer Verkehr (10 - 100)	30 - 45
Schwerer Verkehr ($\geqq$ 100)	45 - 60

Unterhalb der in der Tab. 3.4 gegebenen Tiefen soll in
künstlich hergestellten Dämmen die Verdichtung mindestens
90 % AASHO T 180, Method D, betragen.

<u>Der Untergrund aus nichtbindigen Böden</u> muß mindestens
mit 100 % AASHO T 180, Method D, verdichtet werden. Die erforderlichen Tiefen für diese Verdichtung sind in der Tab.
3.5 angegeben.

Tabelle 3.5   Empfohlene Tiefen für die Verdichtung
              nichtbindiger Böden.

Verkehrsklasse (DT - Nummer)	Tiefe der Verdichtung in cm
Leichter Verkehr ($\leqq$ 10)	15 - 30
Mittlerer Verkehr (10 - 100)	30 - 45
Schwerer Verkehr ($\geqq$ 100)	45 - 60

Unterhalb der in der Tab. 3.5 gegebenen Tiefen soll in
künstlich hergestellten Dämmen die Verdichtung mindestens
95 % AASHO T 180, Method D, betragen.

<u>Bemessung der Fahrbahnbefestigung</u>

Die Bemessung der Fahrbahnbefestigung erfolgt in folgenden Arbeitsschritten:

a)   Ermittlung der IDT-Nummer (aus Verkehrszählungen).

b)   Ermittlung der DT-Nummer aus den Abb. 3.13 und 3.14.

c)   Ermittlung des CBR-Wertes für den natürlichen Unter-
     grund. Anstelle des CBR-Wertes können auch Tragwerte

aus Plattendruckversuchen verwendet werden. Einzelheiten zur Ermittlung dieser Tragwerte geben SCHULTZE/MUHS (1967) und das Asphalt Institute im Soils Manual (MS-10).

d) Der Abb. 3.15 wird die Schichtdicke T_A einer einheitlichen Schicht aus Asphaltbeton entnommen, die zur Aufnahme der Belastung ausreichen würde, wenn keine Tragschichten angeordnet würden. In der Abb. 3.15 gibt der Schnitt der DT-Nummer mit der A-Linie die Mindestdicke dieser einheitlichen Schicht aus Asphaltbeton an.

e) Wenn die Fahrbahnbefestigung aus Deckschichten und einer Tragschicht bestehen soll, kann die Schichtdicke, die die Mindestdicke übersteigt, durch geeignetes Material ersetzt werden. Man verwendet dazu einen Umrechnungsfaktor, der sich auf Grund der Erfahrung ergeben hat. Der Umrechnungsfaktor hat den Wert 2, und die Dicke der Ersatzschicht ist:

$$T = 2{,}0 \cdot \Delta T_A \qquad \text{(cm)} \qquad (3.3)$$

$\Delta T_A =$ Anteil der Schichtdicke, der größer ist als die Mindestdicke

f) Wenn die Fahrbahnbefestigung aus Deckschichten und zwei Tragschichten bestehen soll, so wird in folgender Weise verfahren:

Schritt 1: Man ermittelt die Gesamtdicke T_A aus dem Schnitt des CBR-Wertes mit der DT-Nummer.

Schritt 2: Man ermittelt die Mindestdicke aus dem Schnitt der DT-Nummer mit der A-Linie. Die Differenz der beiden Schichtdicken gibt die Mindestdicke der Deckschicht einschließlich Binderschicht.

Schritt 3: Man ermittelt die Dicke, die zum Schnitt der DT-Nummer mit der B-Linie gehört (Abb. 3.15). Die Differenz der Schichtdicken aus Schritt 1 und Schritt 3 ergibt die empfohlene Mindestschichtdicke für die obere Tragschicht. Die Dicke einer Ersatzschicht aus nichtbindigem Material ist für die obere Tragschicht:

$$T = 2{,}0 \cdot \Delta T_A \qquad \text{(cm)} \qquad (3.4)$$

$\Delta T_A =$ Differenz aus Schritt 2 und Schritt 3

Die Differenz aus Schritt 3 und Schritt 1 ergibt die empfohlene Schichtdicke der unteren Tragschicht aus Asphaltbeton. Die Dicke einer Ersatzschicht aus nichtbindigem Material ist für die untere Tragschicht mit einem Umrechnungsfaktor von 2,7:

$$T = 2{,}7 \cdot \Delta T_A \qquad \text{(cm)} \qquad (3.5)$$

$\Delta T_A =$ Differenz der Schichtdicken aus Schritt 3 und Schritt 1

<u>Lösung</u>

Die IDT-Nummer ist 4000.

Die DT-Nummer ist für Stadtautobahnen in Bezirken mit leichter Industrie nach Abb. 3.14 gleich DTN = 200.

Ermittlung der einzelnen Schichtdicken

Schritt 1: Die Schichtdicke einer vollen Asphaltbetonschicht ist für CBR = 5 % und DTN = 200 nach Abb. 3.15:
$$T_A \cong 24 \text{ cm.}$$

Schritt 2: Die Schichtdicke aus dem Schnitt der DT-Nummer mit der A-Linie (Abb. 3.15) ist:
$$T \cong 14 \text{ cm.}$$

Die Mindestdicke der Deckschicht und Binderschichten ist:
$$24 - 14 = 10 \text{ cm.}$$

Schritt 3: Die Schichtdicke aus dem Schnitt der DT-Nummer mit der B-Linie (Abb. 3.15) ist:
$$T \cong 21 \text{ cm.}$$

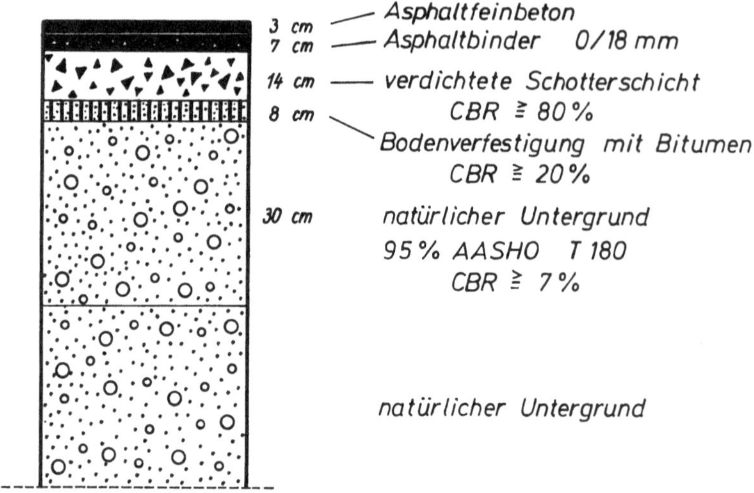

Abb. 3.5 Aufbau der Fahrbahnbefestigung für die in
der Aufgabe 24 gegebenen Bedingungen.

Die Mindestdicke der oberen Tragschicht aus
Asphaltbeton wäre:

$$21 - 14 = 7 \text{ cm.}$$

Aus verdichtetem Schotter ist sie nach
Gl. (3.4):

$$T = 2,0 \cdot 7,0 = 14 \text{ cm.}$$

Die maximale Dicke der unteren Tragschicht
aus Asphaltbeton wäre:

$$24 - 21 = 3 \text{ cm.}$$

Aus anderem nichtbindigem Material ist sie
nach Gl. (3.5):

$$T = 2,7 \cdot 3,0 \cong 8 \text{ cm.}$$

Der Aufbau der Fahrbahnbefestigung für die errechneten
Schichtdicken und die gegebenen Materialien ist in Abb. 3.5
dargestellt.

Aufgabe 25   Ermittlung der DT-Nummer für eine beliebige Entwurfperiode

In der Aufgabe 24 wurde eine Stadtautobahn für eine Entwurfperiode von 20 Jahren bemessen. Für diese Entwurfperiode können die DT-Nummern unmittelbar den Abb. 3.13 und 3.14 entnommen werden. Eine Verkehrszählung ist nicht erforderlich, es muß nur die Anzahl aller täglich in beiden Richtungen zu erwartenden Fahrzeuge geschätzt werden.

Als Alternative dazu soll eine Stadtautobahn auf Grund einer genauen Verkehrszählung für eine Entwurfperiode von 15 Jahren bemessen werden. Tab. 3.6 zeigt die Ergebnisse der Zählung von Lastkraftwagen und Zügen innerhalb des Gesamtverkehrs. Im ersten Betriebsjahr ist mit einer täglichen Anzahl von 7000 Kraftfahrzeugen (PKW und LKW) zu rechnen, davon beträgt der Anteil an Lastkraftwagen und Zügen etwa 20 %.

Tabelle 3.6   Ergebnisse einer Verkehrszählung.

Achslast in t	Anzahl der Achsen von Lastkraftwagen und Zügen in 1000 Einheiten täglich
eine Achse	
3	1492,1
3 - 5	533,2
5 - 7	321,8
7 - 9	102,9
9 - 11	32,4
11 - 13	7,1
13 - 15	12,2
Doppelachse	
6	122,1
6 - 9	102,4
9 - 12	162,0
12 - 15	94,7
15 - 18	5,2

Wie groß ist die DT-Nummer für die in der Tab. 3.6 gegebenen Verkehrsdaten und für eine Entwurfperiode von 15 Jahren?

Grundlagen

Für die Berechnung der DT-Nummer aus den Ergebnissen einer detaillierten Verkehrszählung nach den Empfehlungen des nordamerikanischen Asphalt Institute (MS-1) werden einige Begriffe verwendet, die zunächst erklärt werden sollen.

<u>Verkehrsdaten</u> (Traffic Data) können von der regionalen Verkehrsbehörde beschafft werden. Sie beruhen auf detaillierten Verkehrszählungen im Bereich einer neu zu entwerfenden Straße. Für die Ermittlung der DT-Nummer werden folgende Verkehrsdaten benötigt:

a) Achslasten in t oder kips,

b) Anzahl der Achsen täglich von Lastkraftwagen, Autobussen und Zügen aller Art in 1000 Einheiten,

c) Anzahl aller Kraftfahrzeuge täglich (Personenwagen, Lastkraftwagen, Autobusse und Züge aller Art),

d) Anteil der Lastkraftwagen, Autobusse und Züge an der Gesamtzahl aller Kraftfahrzeuge täglich.

<u>Verkehrsentwicklung</u> (Traffic Growth). Eine Fahrbahn muß so bemessen werden, daß sie den Anforderungen aus dem Straßenverkehr über mehrere Jahre hin gewachsen ist. Die Erfahrung zeigt, daß das Verkehrsvolumen im Verlauf von 20 Jahren gleichmäßig zwischen 50 % und 100 % zunimmt. Unter diesen Bedingungen liegt der <u>Verkehrsentwicklungsfaktor</u> (Traffic Growth Factor) zwischen 1,25 und 1,50. Für die Abb. 3.13 und 3.14 wurde eine Verkehrsentwicklungsfaktor von 1,40 berücksichtigt.

<u>Entwurfperiode - Umrechnungsfaktor</u> (Design Period Adjustment Factor oder DPA-Factor). Für Entwurfperioden, die vom Zeitraum von 20 Jahren abweichen, wird ein Umrechnungsfaktor benutzt. Er ist:

$$DPA\text{-Faktor} = 0{,}05 \times (\text{Entwurfperiode in Jahren}) \qquad (3.6)$$

Die umgerechnete DT-Nummer ist dann:

$$\text{DTN}(20 \text{ Jahre}) \times \text{DPA-Faktor} \qquad (\text{Jahre}) \qquad (3.7)$$

<u>Straßenkapazität</u> (Highway Capacity). Die Anzahl der erforderlichen Fahrbahnen hängt von der täglichen Anzahl der Kraftfahrzeuge ab. Tab. 3.7 gibt Richtwerte für den Entwurf, wie sie in den USA empfohlen werden.

Tabelle 3.7   Richtwerte für die Anzahl von Fahrbahnen (Straßenkapazität).

Anteil der komerziellen Kfz in %	Mittleres tägliches Verkehrsvolumen (PKW, LKW, Busse, Züge)		
	2 spurig (Land)	4 spurig (Land)	4 spurig (Stadt)
0	5750	19250	37500
10	5200	17500	34000
20	4800	16050	31000

<u>Lastumrechnungsfaktor</u> (Load Equivalency Factor). Mit dem Lastumrechnungsfaktor werden beliebige Einachslasten oder Doppelachslasten auf 8-t-Einachslasten umgerechnet. Der Lastumrechnungsfaktor kann der Abb. 3.12 entnommen werden.

<u>LKW-Faktor</u> (Truck Factor). Man erhält den LKW-Faktor, indem man die Summe aller äquivalenten 8-t-Einachslasten in 1000 Einheiten durch 1000 dividiert:

$$\text{LKW-Faktor} = \frac{8\text{-t-Einachslasten in } 1000}{1000}$$

Der LKW-Faktor läßt sich schnell tabellarisch bestimmen.

Wenn der errechnete LKW-Faktor kleiner ist als 0,05, so soll als Minimum der Wert 0,05 eingesetzt werden.

<u>Ermittlung der DT-Nummer</u>

Die DT-Nummer (Design Traffic Number) wird in folgenden Arbeitsschritten ermittelt:

a)   Ermittlung der täglichen Anzahl aller Lastkraftwagen, Autobusse und Züge in beiden Richtungen.

b)   Ermittlung des Verkehrsentwicklungsfaktors. Mit hinreichender Genauigkeit kann dafür der Wert 1,40 eingesetzt werden.

c) Ermittlung des DPA-Faktors.

d) Ermittlung des LKW-Faktors.

e) Ermittlung eines Umrechnungsfaktors für den LKW-Anteil, der die Entwurffahrbahn benutzt. Er ist für:

2 Fahrbahnen	0,50
4 Fahrbahnen	0,45
6 Fahrbahnen und mehr	0,40

f) Die DT-Nummer ist gleich dem Produkt aus den Einflüssen unter a) bis e).

Ist die DT-Nummer $\geq$ 10 (mittlerer oder schwerer Verkehr), so ist der Anteil an geringen Achslasten so klein, daß er bei dem Entwurf vernachlässigt werden kann.

Ist die DT-Nummer < 10 (leichter Verkehr), so muß sie korrigiert werden, um den Einfluß der zahlenmäßig überwiegenden leichten Achslasten zu berücksichtigen. Für die Korrektur der DT-Nummer verwendet man die Abb. 3.16. Für die tägliche Anzahl der Personenfahrzeuge (keine Lastkraftwagen, Autobusse und Züge) läßt sich für die errechnete DT-Nummer die korrigierte DT-Nummer abgreifen.

<u>Lösung</u>

a) Tägliche Anzahl aller Lastkraftwagen, Autobusse und Züge in beiden Richtungen:

$$7000 \cdot 0,20 = 1400.$$

b) Verkehrsentwicklungsfaktor = 1,40

c) DPA-Faktor = $0,05 \cdot 15 = 0,75$

d) LKW-Faktor = 0,42 (siehe Tab. 3.8)

e) Für 7000 Kraftfahrzeuge täglich wird nach Tab. 3.7 die Anordnung von 2 Fahrbahnen empfohlen. Für die Umrechnung des Lastkraftwagenanteils auf die Entwurffahrbahn ist daher der Faktor 0,5 einzusetzen.

Mit den errechneten Faktoren ist somit die DT-Nummer:

$$\text{DT-Nummer (DTN)} = 1400 \cdot 1,40 \cdot 0,75 \cdot 0,42 \cdot 0,5 \cong 310$$

Tabelle 3.8 Ermittlung des LKW-Faktors.

Achslasten[1] in t	Lastumrech- nungsfaktor	Anzahl der Achsen täglich in 1000 Einheiten[2]	Äquivalente 8-t-Einachslast
eine Achse			
3	-----	1292,1	-----
3 - 5	0,11	433,2	47,5
5 - 7	0,34	261,8	89,0
7 - 9	0,74	92,9	68,8
9 - 11	1,31	32,4	42,5
11 - 13	2,26	7,1	16,1
13 - 15	3,91	12,2	46,4
Zwischensumme:			310,3
Doppelachse			
6	-----	142,1	-----
6 - 9	0,11	121,4	13,4
9 - 12	0,27	162,0	43,8
12 - 15	0,57	74,7	42,6
15 - 18	0,92	5,2	4,8
Zwischensumme:			104,6
Insgesamt :			414,9

$$LKW\text{-}Faktor = \frac{414,9}{1000} = 0,42$$

[1]Für Einachslasten < 3 t und Doppelachslasten < 6 t ist
der Umrechnungsfaktor annähernd gleich Null und braucht
nicht berücksichtigt zu werden.

[2]Die Anzahl der Achsen bezieht sich nur auf Lastkraftwagen, Autobusse und Züge.

Aufgabe 26 Bemessung einer Fahrbahnbefestigung nach dem Verfahren des Asphalt Institute USA in zwei Ausbaustufen

Aus technischen und finanziellen Gründen soll eine Straße in zwei zeitlich getrennten Ausbaustufen hergestellt
werden. In der ersten Ausbaustufe soll die Straße für eine
Entwurfperiode von 5 Jahren und nach Ablauf dieser Zeit für
eine weitere Entwurfperiode von 15 Jahren ausgebaut werden.

Die DT-Nummer für eine Entwurfperiode von 20 Jahren ist DTN = 320. Der CBR-Wert des Untergrundes beträgt 5 %.

Wie dick muß eine einheitliche Asphaltbetonschicht ausgeführt werden, wenn die Entwurfperiode 5 Jahre beträgt?

Wie dick ist die zusätzliche Asphaltbetonschicht, die nach 5 Jahren aufgebracht werden muß, um eine weitere Entwurfperiode von 15 Jahren zu erzielen?

Grundlagen

Ist die Entwurfperiode kleiner als 20 Jahre, so kann die DT-Nummer dafür nach Gl. (3.7) errechnet werden. Mit dieser umgerechneten DT-Nummer läßt sich die erforderliche Schichtdicke aus Abb. 3.15 abgreifen.

Aus der Differenz der Schichtdicke für eine Entwurfperiode von 20 Jahren und der Schichtdicke für eine kleinere Entwurfperiode läßt sich die zusätzliche Schichtdicke nach Ablauf der ersten Ausbaustufe bestimmen.

Das Verfahren eignet sich auch zur Bestimmung der Entwurfperiode, wenn man zur Schaffung einer ersten Ausbaustufe von der vollen Schichtdicke für 20 Jahre willkürlich eine kleine Schicht von 3 cm bis 5 cm abzieht. Die zugehörige Entwurfperiode für die erste Ausbaustufe ist dann:

$$\text{Entwurfperiode (1.Ausbaustufe)} = \frac{20 \times \text{DTN}(1.\text{Ausbaustufe})}{\text{DTN (20 Jahre)}}$$

Wenn die Fahrbahnbefestigung nicht aus einer einheitlichen Schicht von Asphaltbeton, sondern aus mehreren Schichten mit verschiedenen Materialien bestehen soll, so kann die Berechnung analog zum Beispiel 24 durchgeführt werden.

Lösung

Für eine Entwurfperiode von 5 Jahren ist mit Gl. (3.7):

$$\text{DTN} = 0{,}05 \cdot 5 \cdot 320 = 80.$$

Eine einheitliche Schichtdicke aus Asphaltbeton beträgt also für die erste Ausbaustufe nach Abb. 3.15 mit DTN = 80

und CBR = 5 %:
$$T_A = 22 \text{ cm.}$$

Für die zweite Ausbaustufe mit DTN = 320 ist nach Abb. 3.15 eine Dicke von :
$$T_A = 25 \text{ cm}$$

erforderlich.

Nach 5 Jahren muß also eine zusätzliche Asphaltbeton- schicht von 3 cm aufgebracht werden, um den Anforderungen einer Entwurfperiode von weiteren 15 Jahren zu entsprechen.

Aufgabe 27   Bemessung einer steifen Deckenplatte nach JELINEK

Die Fahrbahnbefestigung einer Autobahn soll aus einer Tragschicht und einer Zementbetonplatte auf verdichtetem, natürlichem Untergrund hergestellt werden. Die Tragschicht soll eine Dicke von 25 cm haben und aus einer Bodenverfesti- gung mit Bitumen bestehen. Die Bettungszahl der Tragschicht ist C = 12 kg/cm³. Die zulässige Zugspannung der Betonplat- te ist σ_{zul} = 20 kg/cm².

Wie dick muß die Zementbetonplatte ausgebildet werden, damit sie die Belastung aus einer Einzelradlast von P = 12 t (Reifenaufstandspressung = 5,5 kg/cm²) aufnehmen kann?

Welche Stahleinlagen müssen vorgesehen werden?

Grundlagen

Die ersten theoretischen Untersuchungen der Spannungs- verteilung in steifen Fahrbahndecken hat WESTERGAARD (1927) durchgeführt. Die Gleichungen von WESTERGAARD wurden später von TELLER/SUTHERLAND (1942) überarbeitet. In der überar- beiteten Form beträgt die maximale Zugspannung an der Unter- seite einer steifen Deckenplatte:

$$\sigma_M = \frac{0{,}275 \cdot P}{h^2} \cdot (1+m) \cdot \left[\log\left(\frac{E \cdot h^3}{C \cdot b^4}\right) - 54{,}54 \cdot \left(\frac{l}{L}\right)^2 \cdot Z \right] \quad (\text{kg/cm}^2)(3.8)$$

$$\sigma_R = \frac{0{,}529 \cdot P}{h^2} \cdot (1+0{,}54\,m)\left[\log\left(\frac{E \cdot h^3}{C \cdot b^4}\right) + \log\left(\frac{b}{1-m^2}\right) - 1{,}0792\right]\,(\text{kg/cm}^2) \quad (3.9)$$

$$\sigma_E = \frac{3 \cdot P}{h^2} \cdot \left[1 - \left(\frac{a\sqrt{2}}{2}\right)^{1{,}2}\right] \qquad (\text{kg/cm}^2) \quad (3.10)$$

σ_M = maximale Zugspannung in kg/cm^2 an der Unterseite infolge einer Last P in der Mitte der Platte

σ_R = maximale Zugspannung in kg/cm^2 an der Unterseite infolge der Last P am Rande der Platte

σ_E = maximale Zugspannung in kg/cm^2 an der Unterseite infolge einer Last P im Eckpunkt der Platte

P = wirkende Radlast in kg

a = Radius einer kreisförmigen Belastungsfläche in cm

h = Deckendicke in cm

E = Elastizitätsmodul in kg/cm^2

m = Poissonzahl

C = Bettungszahl in kg/cm^3

b = $\sqrt{1{,}6 \cdot a^2 + h^2}$ − 0,675 h, wenn a < 1,724 h (cm)

b = a in cm, wenn a $\geqq$ 1,724 h (cm)

l = Plattensteifigkeit in cm

$$l^4 = \frac{E \cdot h^3}{12 \cdot C \cdot (1-m^2)} \qquad (\text{cm}^4)$$

Z = 0,2 (näherungsweise)

L = 5·l (cm) (näherungsweise)

Aufbauend auf diese Untersuchungen hat JELINEK (1953) Bemessungstafeln entwickelt, aus denen die maximalen Zugspannungen und erforderlichen Deckendicken für verschiedene Bettungszahlen und Lasten unmittelbar entnommen werden können (Abb. 3.17, 3.18 und 3.19). Die Anwendung der Bemessungstafeln von JELINEK ist in Abb. 3.6 erklärt.

Wenn Radlasten und Bettungszahlen gegeben sind, so hängt die maximale Zugspannung an der Unterseite der Platte nur noch von der Deckendicke ab. Man wählt daher zunächst die Mindestdicke und prüft, ob die zulässige Zugspannung nicht überschritten wird. Wird die zulässige Zugspannung überschritten, so muß die Fahrbahnplatte entsprechend dicker ausgeführt werden.

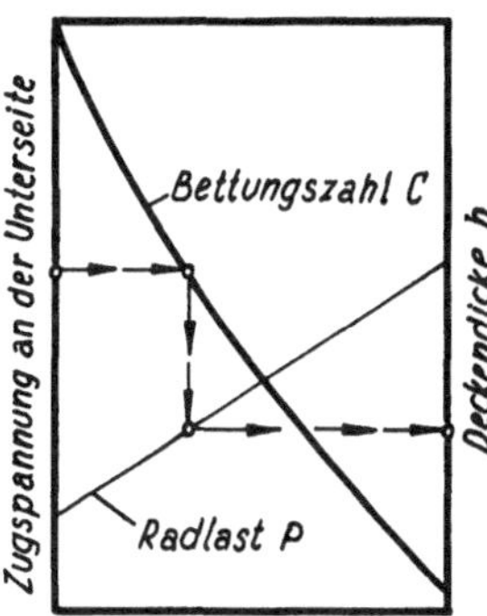

Abb. 3.6 Schema für die Benutzung der Bemessungstafeln von JELINEK.

In ähnlicher Weise kann auch von der zulässigen Zugspannung ausgegangen werden und geprüft werden, ob die Mindestdicke erreicht wird. Ist das nicht der Fall, so muß die Fahrbahnplatte stets mit der Mindestdicke ausgeführt werden.

Betondecken müssen immer durch Stahleinlagen verstärkt werden, um die Rißbildung einzuschränken. Am wirtschaftlichsten ist in diesem Zusammenhang die Verwendung von Baustahlgewebe mit hoher Streckgrenze (5000 kg/cm^2), dessen Eigenschaften und Einbauvorschriften der einschlägigen Literatur zu entnehmen sind.

Lösung

Der Abb. 3.17 entnimmt man für eine zulässige Zugspannung σ_{zul} = 20 kg/cm^2 bei einer Bettungszahl von C = 12 kg/cm^3 und einer Einzelradlast von P = 12 t eine Deckendicke von:

$$h = 23 \text{ cm.}$$

Diese Deckendicke ist für die Ausführung maßgebend, denn sie ist größer als die nach den einschlägigen Richtlinien erforderliche Mindestdicke von 22 cm.

Als Stahleinlagen sind 3 kg/m^2 erforderlich. Für den Autobahnbau sind spezielle Baustahlgewebe entwickelt worden. Danach ist eine Autobahnmatte KF 2-375 mit 3,06 kg/m^2 erforderlich. Einzelheiten zur Konstruktion von Betonfahrbahnen gibt u.a. die Schrift "Betonstraßen mit Baustahlgewebe", Verlag der Bau-Stahlgewebe GmbH Düsseldorf (1962).

Aufgabe 28   Bemessung einer Fahrbahndecke als Zweischichtensystem nach BURMISTER

In einem Neubauabschnitt einer Straße hat die vorhandene verdichtete Dammschüttung einen Elastizitätsmodul von E_2 = 120 kg/cm². Die zu erwartende Radlast ist P = 7 t. Die Fahrbahn soll aus einer 5 cm dicken Teerasphaltbetonschicht auf einer Tragschicht aus Schotter hergestellt werden.

Messungen an der verdichteten Schotterschicht haben einen Elastizitätsmodul von E_1 = 2500 kg/cm² ergeben.

Wie dick muß nach der Zweischichtentheorie von BURMISTER die Tragschicht aus Schotter hergestellt werden, damit die Fahrbahnkonstruktion die gegebene Belastung aufnehmen kann?

Grundlagen

Als Zweischichtensystem bezeichnet man eine Konstruktion, die aus der Fahrbahn (Decke, Binderschichten und Tragschichten) und dem Untergrund besteht. Es wird angenommen, daß für die Materialien der Fahrbahn und des Untergrundes die Gesetze der Elastizitätstheorie angewendet werden können.

BURMISTER (1945) hat aus den Gesetzen der Elastizitätstheorie mit der Spannungsfunktion:

$$F = I_o \cdot (m \cdot r) \cdot \left[A \cdot e^{mz} + B \cdot e^{-mz} + C \cdot z \cdot e^{mz} + D \cdot z \cdot e^{-mz} \right]$$

I(m,r) = Besselsche Funktion erster Ordnung

   m   = Parameter

die Spannungen abgeleitet, die in einem Zweischichtensystem an der Grenzfläche zwischen den beiden Schichten entstehen. Weiterhin hat BURMISTER auch die vertikale Setzung an der Grenzfläche zwischen den beiden Schichten in der Lastachse für verschiedene E-Modulverhältnisse untersucht. Die Ergebnisse sind in den Abb. 3.20 bis 3.23 ausgewertet.

Nach BURMISTER wird die Dicke der Fahrbahnkonstruktion einer biegsamen Fahrbahn folgendermaßen ermittelt:

a) Man bestimmt den Elastizitätsmodul des Untergrundes
    (BÖLLING: Zusammendrückung und Scherfestigkeit von

Böden, Aufgabe 26). Weitere ausführliche Anweisungen
zur Bestimmung des Elastizitätsmoduls von Böden geben
SCHULTZE/MUHS (1967).

b) Die Gesamtschichtdicke aus Deckschicht, Binderschich-
    ten, oberer und unterer Tragschicht wird aus den
    Abb. 3.20 und 3.21 abgegriffen. Die Abb. 3.20 und
    3.21 gelten für den Fall, daß die Setzungen nicht
    größer als 5 mm werden. Mit E_2 ist der Elastizitäts-
    modul des Untergrundes unter biegsamen Fahrbahnen
    bezeichnet. Die Güteklassen für derartige Bettungen
    aus Kies oder Schotter sind folgendermaßen unter-
    teilt:

B-1   Beste Qualität, maximale Verdichtung,
       $E = 7000$ kg/cm^2

B-2   Gute Qualität, gute Verdichtung,
       $E = 3500$ kg/cm^2

B-3   Gut gekörnte Kiesschicht, maximale Verdichtung,
       $E = 2000$ kg/cm^2

B-4   Durchschnittliche Qualität, gut verdichtet,
       $E = 1000$ kg/cm^2

Für die Güteklasse der Bettung, die Radlast P und
den Elastizitätsmodul des Untergrundes läßt sich die
Gesamtdicke der Deck- und Tragschichten aus den Abb.
3.20 und 3.21 für biegsame Fahrbahnen unmittelbar ablesen.

Für steife Fahrbahnen hat BURMISTER unter der Bedingung,
daß die Setzungen nicht größer als 1 mm sein dürfen, die
Gesamtdicke der Deck- und Tragschichten abgeleitet (Abb.
3.22 und 3.23). Der Elastizitätsmodul des Betons wurde dabei
mit 210 000 kg/cm^2 angenommen. E_3 bezeichnet den Elastizitätsmodul des Untergrundes unter steifen Fahrbahnen. Die
Berechnung erfolgt analog zu den Erklärungen für biegsame
Fahrbahnen.

Lösung

Eine Tragschicht mit E_1 = 2500 kg/cm^2 entspricht nach
BURMISTER dem oberen Bereich der Güteklasse B-3. Der Abb.
3.21 (Schottergründung) entnimmt man dafür mit P = 7 t eine
Gesamtdicke von d = 20 cm. Die Tragschicht aus Schotter muß
also 15 cm dick ausgebildet werden.

Ergebnisse

Die Schichtdicke wurde unter der Annahme errechnet, daß
das verwendete Material den Gesetzen der Elastizitätslehre
unterliegt. Da dies bei Bodenstoffen nicht exakt erfüllt
ist, können die Ergebnisse nicht exakt sein.

Da die Durchbiegung willkürlich auf 5mm bei biegsamen
Fahrbahnen und auf 1 mm bei steifen Fahrbahnen begrenzt
wird, die Größe der tatsächlichen Spannungen aber nicht ermittelt wird, kann in besonderen Fällen die zulässige Spannung auch überschritten werden und die Fahrbahn unter der
Belastung beschädigt werden.

Die dynamische Wirkung der Fahrzeugbelastung und die
Verkehrsentwicklung in der Zukunft werden nicht berücksichtigt, wodurch ebenfalls Dimensionierungsfehler entstehen
können.

Für überschlägliche Berechnungen ist die Zweischichtentheorie jedoch trotz der genannten Nachteile gut brauchbar,
denn die Elastizitätsmoduln sind für die meisten Böden gut
abschätzbar oder auch schnell neu ermittelt. Man sollte jedoch eine Fahrbahn heute nicht mehr allein nach der Zweischichtentheorie bemessen, sondern die bewährten halbempi-
rischen Bemessungsverfahren, insbesondere das Verfahren des
Asphalt Institute (Aufgabe 24), anwenden, um auch der zu-
künftigen Verkehrsentwicklung Rechnung zu tragen und um
eine Aussage über die Nutzungsdauer der Fahrbahn zu erhalten. Die Frage der Nutzungsdauer ist wegen ihrer wirtschaftlichen Bedeutung von großer Wichtigkeit. Sie hinreichend
genau zu beantworten ist ebenso wichtig, wie die Straße ver-
kehrssicher zu konstruieren.

Aufgabe 29 Bemessung von biegsamen Flugpisten
nach der CAA-Methode

Die Flugpisten eines Flugplatzes sollen für eine Radlast von P = 27 t bemessen werden. Sie sollen aus folgenden Schichten aufgebaut werden:

        1 Deckschicht............ Asphaltfeinbeton
        1 Binderschicht......... Asphaltbinder 0/18 mm
        1 Obere Tragschicht...... Tränkmakadam
        1 Untere Tragschicht..... Tränkmakadam

Die Untersuchung des Untergrundes hat folgende Bodenkennziffern ergeben:

        Siebanalyse: 37 % > 2,0 mm
                              27 % > 0,053 mm

        Fließgrenze w_f: 19 %
        Plastizitätszahl: 5 %

Die geologischen und topographischen Verhältnisse gewährleisten eine gute Drainage des Untergrundes. Mit Frost muß gerechnet werden.

Wie dick müssen nach der CAA-Methode für die Start- und Landebahnen und für die Zurollbahnen die Deckschicht, Binderschicht und Tragschichten bemessen werden?

Wie tief muß der natürliche Untergrund mindestens verdichtet werden?

Grundlagen

Nach der CAA-Methode (Civil Aeronautics Administration USA) läßt sich für die gegebenen Bodenkennziffern aus der Tab. 3.16 eine Bodenklasse entnehmen. Die Bodenklassen für biegsame Flugpisten werden mit dem Buchstaben F (flexible) und diejenigen für steife Flugpisten mit dem Buchstaben R (rigid) bezeichnet. Aus den Abb. 3.24 bis 3.31 lassen sich dann mit der ermittelten Bodenklasse für eine bestimmte Radlast die Dicken der Deckschicht und Tragschichten unmittelbar ablesen.

Die Abb. 3.24 bis 3.31 geben getrennt voneinander die
Schichtdicken für Start- und Landebahnen und für Zurollbahnen und außerdem für drei verschiedene Arten von Tragschichten an. Diese Tragschichten sind:

a) Tragschichten aus nichtbituminösen Materialien
    (wassergebundener Makadam, trocken verdichteter
    Makadam, Schotter, Kies usw.)

b) Tragschichten aus bituminösen Materialien
    (Asphaltbeton, Teerasphaltbeton usw.)

c) Tragschichten aus Tränkmakadam durchschnittlicher
    Qualität

Lösung

Für die vorhandenen Bodenkennziffern entnimmt man der
Tab. 3.16 die Bodenklasse F1. Mit der Bodenklasse F1 und
der Radlast P = 27 t ist nach Abb. 3.28:

Für Start- und Landebahnen

Deckschicht und Binderschicht:	5,0	cm
Obere Tragschicht:	22,0	cm
Untere Tragschicht:	8,0	cm
Gesamtdicke:	35,0	cm

Für Zurollbahnen (Abb. 3.29)

Deckschicht und Binderschicht:	8,0	cm
Obere Tragschicht:	20,0	cm
Untere Tragschicht:	15,0	cm
Gesamtdicke:	43,0	cm

Der Untergrund muß nach der CAA-Methode mindestens 15 cm
tief optimal verdichtet werden.

Ergebnisse

Zurollbahnen und Endstrecken der Start- und Landebahnen
haben, wie die Rechnung zeigt, nach der CAA-Methode eine
größere Gesamtdicke als die Start- und Landebahnen. Diese
Forderung ergibt sich aus der Überlegung, daß die Verkehrs-
belastung dieser Teile der Flugpisten stets größer ist als

die der Start- und Landebahnen, denn die Flugzeuge rollen
auf diesen Befestigungen häufiger und mit ihrem vollen Gewicht als auf den Start- und Landebahnen. Untersuchungen
haben auch gezeigt, daß die Radlasten geringer werden, wenn
die Triebwerke der Maschinen laufen und an den Tragflächen
Auftrieb erzeugt wird.

Über die Ausführung von Drainagen, Profile von Flugpisten
und ihre Lage ist in den einschlägigen Fachbüchern nachzule-
sen.

Aufgabe 30   Bemessung von steifen Flugpisten
nach der CAA-Methode

Die Flugpisten eines Flugplatzes sollen für eine Radlast
von P = 32 t bemessen werden. Sie sollen aus folgenden
Schichten bestehen:

    1   Zementbetonplatte
    1   Tragschicht aus wassergebundenem
       Makadam

Die Untersuchung des Untergrundes hat die gleichen Bodenkennziffern wie für die Aufgabe 29 ergeben. Lediglich die
Plastizitätszahl hat sich geändert. Sie beträgt w_{fa} = 13 %.

Die geologischen und topographischen Verhältnisse gewährleisten eine gute Drainage des Untergrundes. Mit Frost
muß gerechnet werden.

Wie dick müssen nach der CAA-Methode die Start- und Landebahnen und die Zurollbahnen bemessen werden?

Grundlagen

Wenn die Radlast und die Bodenklasse nach Tab.3.16 bekannt sind, kann die Schichtdicke für die Zementbetonplatte
und für die Tragschicht den Abb. 3.30 und 3.31 unmittelbar
entnommen werden. Die Mindestdicke der Zementbetonplatte
beträgt unabhängig davon in jedem Falle 15 cm. Der Beton
ist gegen Rißbildung konstruktiv zu bewehren (siehe Aufgabe
27).

Die Tragschicht muß aus gut gekörntem, gut verdichtetem
Schotter oder Kies bestehen. Sie soll in einzelnen Schichten
von maximal 20 cm Dicke eingebaut und verdichtet werden.

Der natürliche Untergrund ist mindestens 15 cm tief optimal zu verdichten.

Lösung

Für die gegebene Bodenklasse R1b (Tab.3.16) und die Radlast P = 32 t erhält man:

Für Start- und Landebahnen mit Abb. 3.30

Zementbetonplatte:	25	cm
Tragschicht aus wasserge- bundenem Makadam:	23	cm
Gesamtdicke:	48	cm

Für Zurollbahnen ist mit Abb. 3.31

Zementbetonplatte:	33	cm
Tragschicht aus wasserge- bundenem Makadam:	23	cm
Gesamtdicke:	56	cm

Ergebnisse

Auch für steife Flugpisten gilt die Forderung, daß alle
Befestigungen, auf denen die Flugzeuge nur mit geringer
Triebwerksleistung rollen oder mit ihrem maximalen Gewicht
und stehenden Triebwerken abgestellt werden, stärker befe-
stigt werden müssen als die übrigen Flugpisten.

Besonders kritisch sind die Endstücke der Start- und
Landebahnen. Viele Schäden sind auf unsachgemäße Ausführung
dieser Teile der Flugpisten zurückzuführen. Von den Start-
und Landebahnen müssen daher mindestens an beiden Enden
10 % der Gesamtlänge mit einer starken Befestigung, so wie
sie die Diagramme für die Zurollbahnen angeben, ausgeführt
werden. Diese Forderung gilt sowohl für biegsame als auch
für steife Befestigungen.

3.2 Berechnungstafeln und Zahlenwerte

Tabelle 3.9 Bisherige Verkehrsklassen in Deutschland.

Verkehrsklasse	Gesamtzahl Kfz in 24 Std.	Lastkraftwagen mit 4 t Nutzlast und mehr	
		% der Gesamtzahl	Zahl der LKW
Schwacher Verkehr	< 1000	< 5	< 50
Mittlerer Verkehr	1000 – 3000	5 – 10	50 – 300
Starker Verkehr	3000 – 6000	10 – 20	300 – 1200
Sehr starker Verkehr	> 6000	> 20	> 1200

Tabelle 3.10 Künftige Verkehrsklassen in Deutschland.

Verkehrsklasse	Verkehrsmenge in 24 Stunden	
	LKW über 5 t Nutzlast	Gesamtzahl der Kfz
sehr schwach	< 10	< 500
schwach	10 – 100	500 – 2000
mittel	100 – 500	2000 – 5000
stark	500 – 1000	5000 – 10000
sehr stark	> 1000	> 10 000

Tabelle 3.11　Verkehrsvolumen verschiedener Straßenklassen nach den Richtlinien des Connecticut State Highway Department USA (1954).

Gebietsklasse	Anzahl der Fahrzeuge							
	täglich			stündlich				
	A	B	C	D	E	F	G	H
Ländliche Gebiete	unter 750	750 – 1490	1500 – 2290	120 – 510	520 – 790	800 – 1490	1500 – 2290	> 2 300
Stadtgebiete -Wohnbezirke -	unter 750	750 – 1490	1500 – 2990	120 – 560	570 – 850	1950 – 2890	1950 – 2890	> 2 900
Stadtgebiete - Industrie - -Geschäftsbezirke-	——	——	1500 – 2990	120 – 600	610 – 900	2400 – 3490	2400 – 3490	> 3500

Tabelle 3.12 Dicke der Decke und Tragschichten nach
STEELE (1945).

| Gruppenindex des Untergrundes | Tägliches Verkehrsvolumen | | | | | |
| | Leicht (< 50) | | Mittel (50 - 300) | | Schwer (>300) | |
	Decke und obere Tragschicht	untere Tragschicht	Decke und obere Tragschicht	untere Tragschicht	Decke und obere Tragschicht	untere Tragschicht
———	cm	cm	cm	cm	cm	cm
1	2	3	4	5	6	7
0 - 1	15	---	22,5	---	30	---
2 - 4	15	10	22,5	10	30	10
5 - 9	15	20	22,5	20	30	20
10 - 20	15	30	22,5	30	30	30

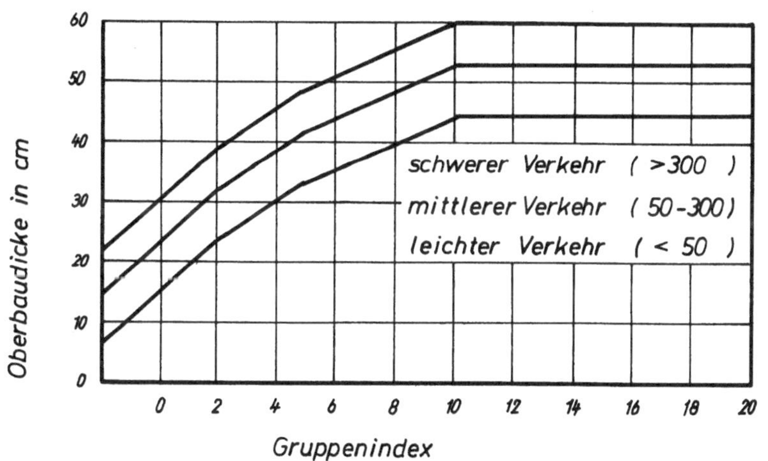

Abb. 3.7 Dicke der Decke und Tragschichten
nach PELTIER (1953).

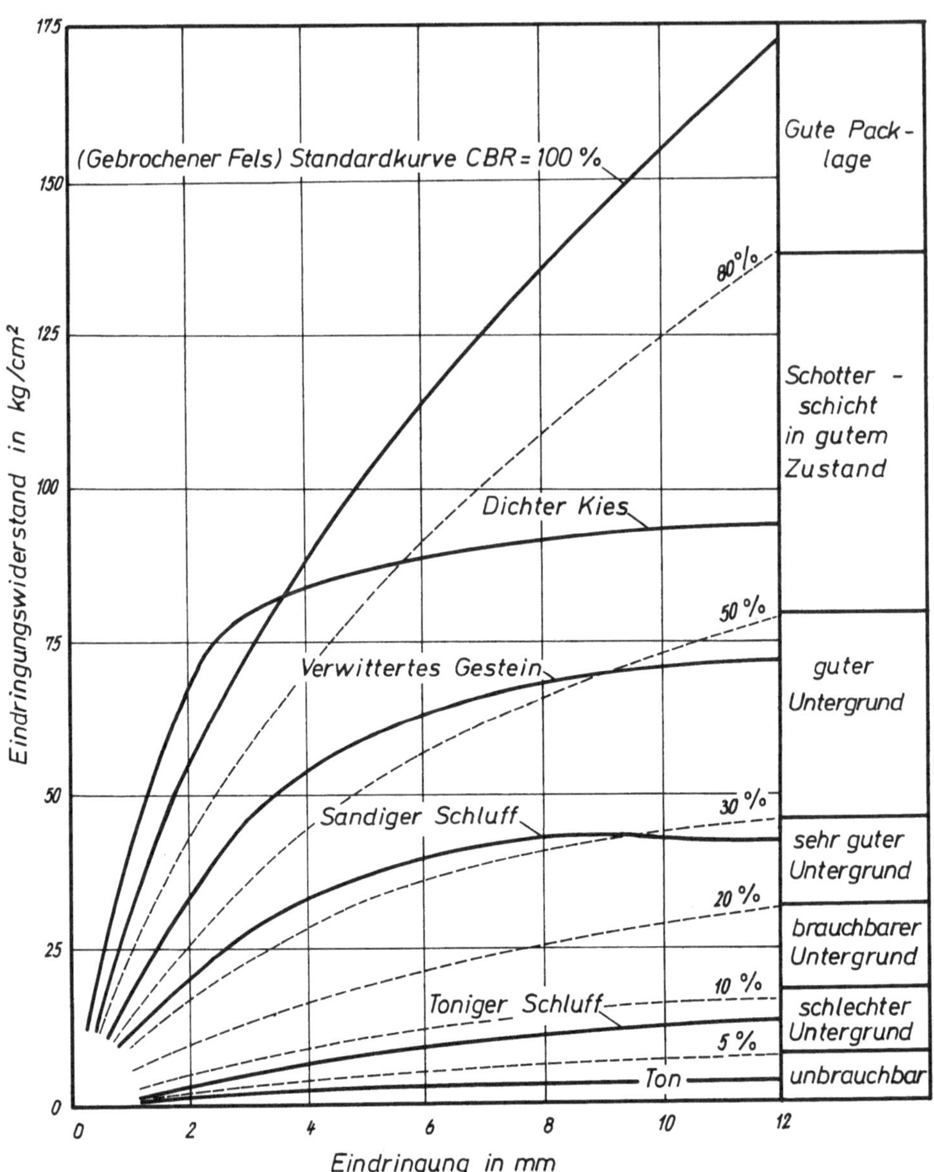

Abb. 3.8 Typische CBR-Werte häufig vorkommender Bodenarten (nach KEZDI 1959).

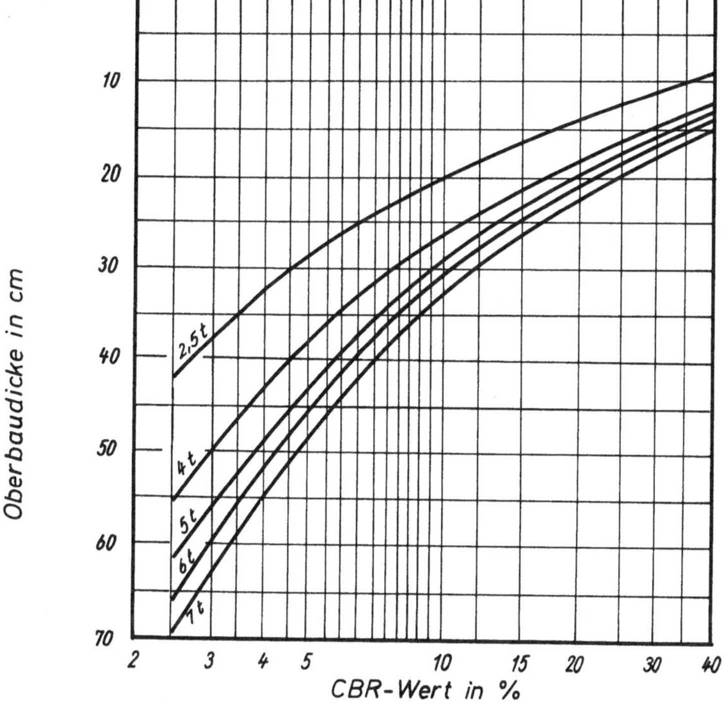

Abb. 3.9   Oberbaudicke als Funktion des CBR-Wertes und
der Radlast (Radlasten von 2,5 t bis 7 t).

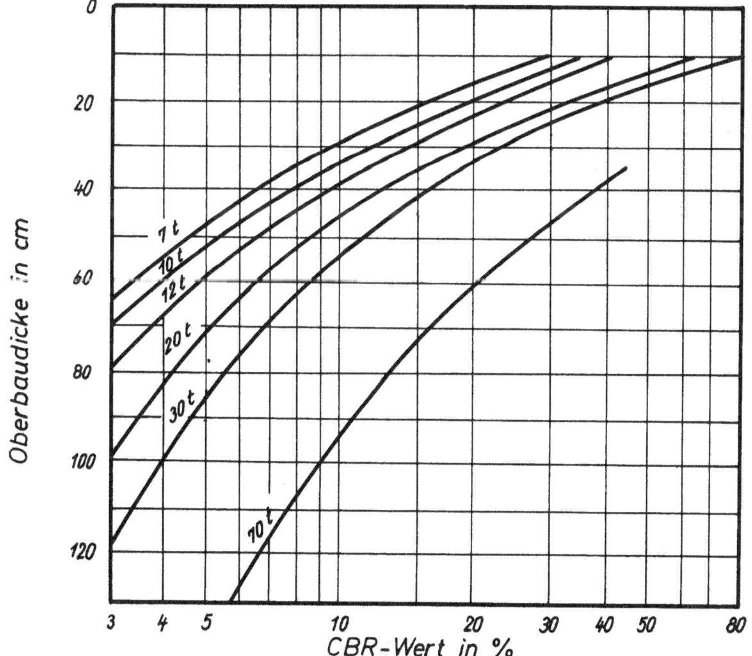

Abb. 3.10   Oberbaudicke als Funktion des CBR-Wertes und
der Radlast (Radlasten von 7 t bis 70 t).

Tabelle 3.13 Zulässige Abmessungen und Gewichte für Kraftfahrzeuge in Europa.

Zulässige Abmessungen und Lasten	Belgien	Dänemark	Bundesrepublik Deutschland	Deutsche Demokratische Republik	Frankreich	Großbritannien	Italien	Luxemburg	Niederlande	Österreich	Polen	Schweiz	Spanien	ČSSR	UdSSR	Genfer Abkommen 1949	CEMT 1960	Benelux 1962	EWG 1963
Höhe (m)	4	3,6	4	4	-	4,6	4	4	3,8	3,8	4	4	4	4	3,8	3,8	-	-	4
Breite (m)	2,5	2,5	2,5	2,5	2,5	2,5	2,5	2,5	2,5	2,5	2,5	2,3	2,5	2,5	2,5	2,5	-	2,5	2,5
Länge (m)																			
LKW	12	12	12	12	11	9,2	11	12	11	12	11	10	12	12	12	11	-	-	12
Zug	22	18	16,5	22	18	-	18	20	18	16,5	22	-	14	-	24	22	16,5	18	17,2
Sattelkfz	14	14	15	14	15	10,7	14	14	15	15	14	14	15	22	24	14	15	15	15
Kraftomnibus	12	12	12	12	11	11	11	12	12	12	11	12	12	12	12	11	-	-	-
Gelenkomnibus	14	14	16,5	-	-	11	-	-	10	15	18	14	15	16,5	-	-	-	-	-
Achslast in t																			
Einzelachse	13	8	10	9	13	9,1	10	13	10	10	8	10	10	10	10	8	10	10	10
Doppelachse	20	14,5	14,5	-	-	-	14,5	20	16	16	14,5	14	16	16	18	14,5	16	16	16
Gesamtgewicht in t																			
LKW 2 Achsen	19	-	16	14	19	14,2	14	19	-	16	14	16	16	16	17,5	-	-	-	16
mehr als 2 Achsen	26	-	22	18,5	26	20,3	18	26	-	22	21	16	16	21,5	25	-	-	-	22
Zug	32	-	32	-	-	32,5	-	40	50	32	-	21	32	-	33	-	32	40	38
Sattelkfz	-	-	32	30	35	24,4	32	35	50	32	30	21	32	37,5	40	-	32	36	36
Kraftomnibus	26	-	18	18,5	26	14,2	18	26	-	22	21	16	24	21,5	-	-	-	-	-
Gelenkomnibus	-	-	22	-	-	-	-	-	50	32	30	21	32	26	-	-	-	-	-

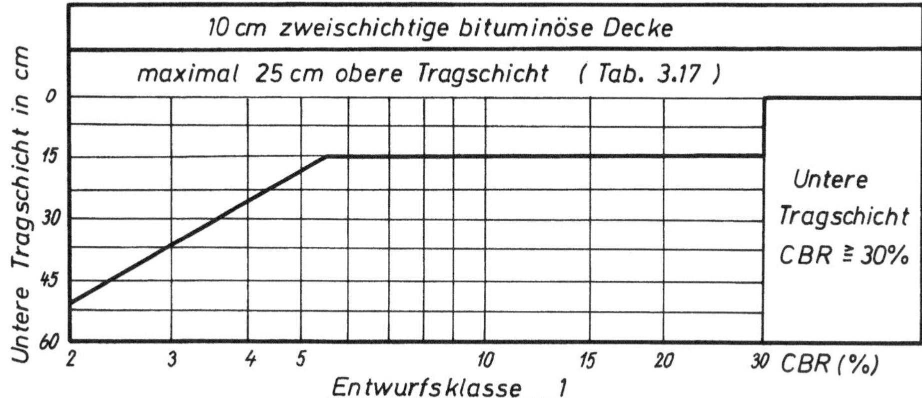

mehr als 4500 Kfz täglich nach 20 Jahren Betriebszeit

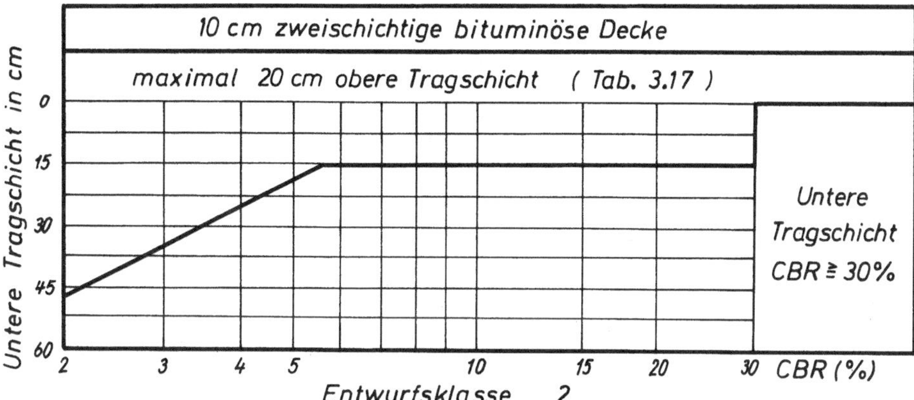

1500 - 4500 Kfz täglich nach 20 Jahren Betriebszeit

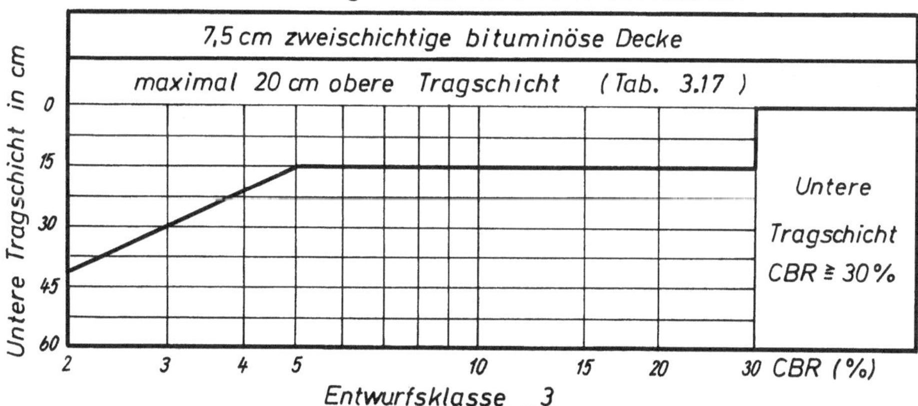

450 - 1500 Kfz täglich nach 20 Jahren Betriebszeit

Abb. 3.11a Dimensionierung von biegsamen Fahrbahnen nach britischen Entwurfsklassen (ASHWORTH 1966).

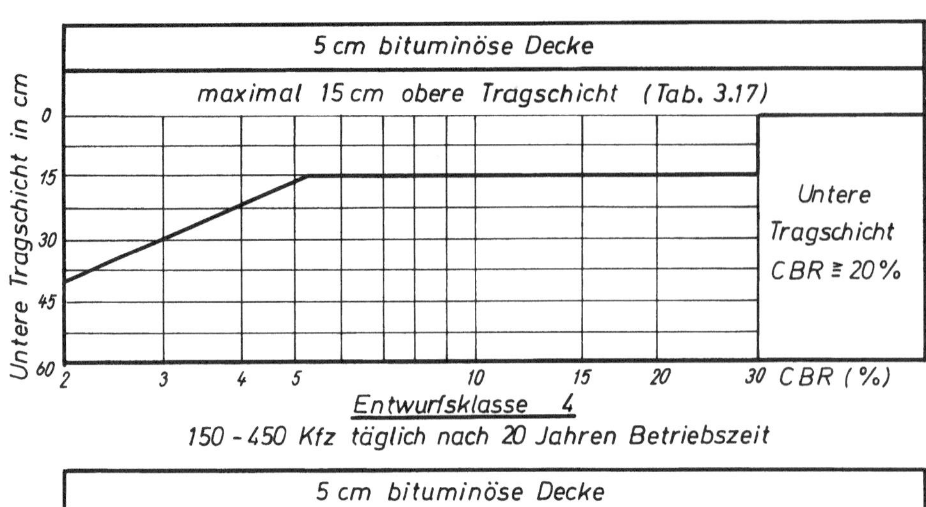

150 - 450 Kfz täglich nach 20 Jahren Betriebszeit

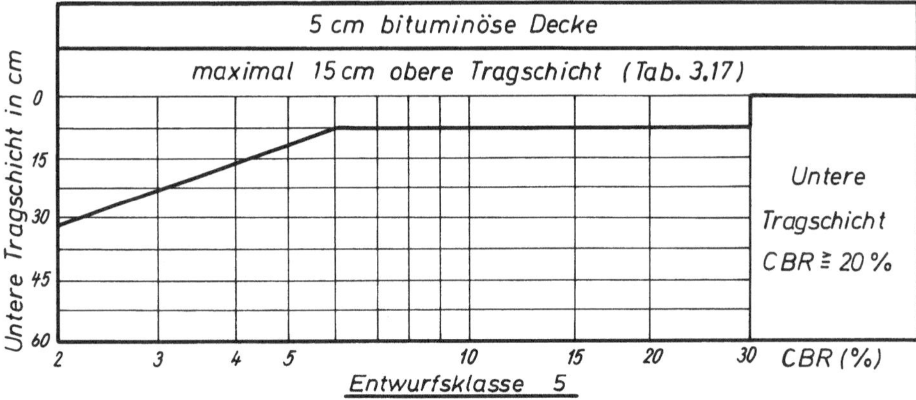

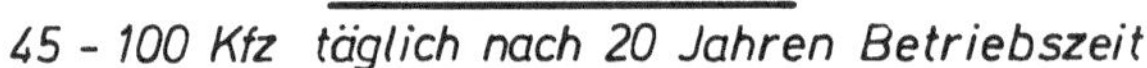

45 - 100 Kfz täglich nach 20 Jahren Betriebszeit

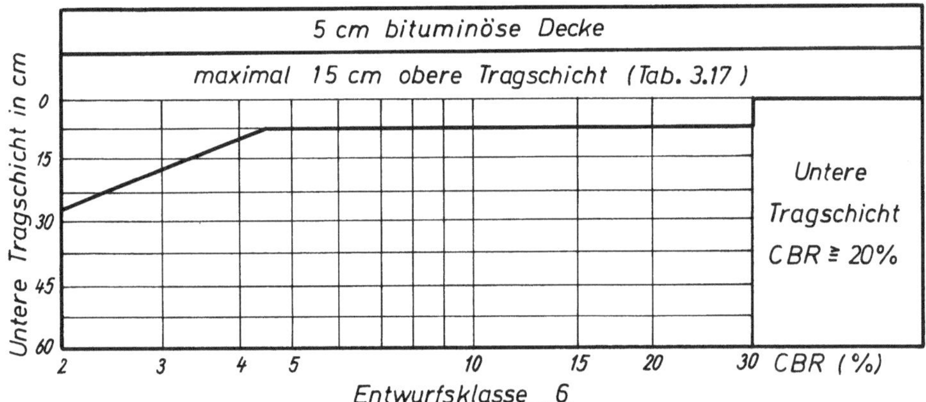

weniger als 45 Kfz täglich nach 20 Jahren Betriebszeit

Abb. 3.11b Dimensionierung von biegsamen Fahrbahnen
nach britischen Entwurfsklassen (ASHWORTH 1966).

Tabelle 3.14 Empfehlungen für die Konstruktion der Straßen nach den Entwurfsklassen in Abb. 3.11.

Entwurfsklasse	Schichtdicke	Material
1		*Vorschlag 1 (d = 25 cm)*
	7,5 cm	Teermakadam oder Bitumenmakadam oder Asphalt
	17,5 cm	Stampfbeton oder wassergebundene Makadamschicht (für untergeordnete Straßen)
		Vorschlag 2
	20,0 cm	Teermakadam oder Bitumenmakadam
		Vorschlag 3
	17,5 cm	Asphalt
2		*Vorschlag 1*
	20,0 cm	Stampfbeton oder wassergebundene Makadamschicht oder trocken verdichtete Makadamschicht
		Vorschlag 2
	15,0 cm	Teermakadam oder Bitumenmakadam
	12,5 cm	Asphalt
3		*Vorschlag 1*
	20,0 cm	Stampfbeton oder wassergebundene Makadamschicht oder trocken verdichtete Makadamschicht oder Bodenverfestigung mit Zement
		Vorschlag 2
	15,0 cm	Teermakadam oder Bitumenmakadam
		Vorschlag 3
	12,5 cm	Asphalt
4 bis 6		*Vorschlag 1*
	15,0 cm	Stampfbeton oder wassergebundene Makadamschicht oder trocken verdichtete Makadamschicht oder Bodenverfestigung mit Zement oder Bodenverfestigung mit Bitumen
		Vorschlag 2
	10,0 cm	Teermakadam oder Bitumenmakadam
		Vorschlag 3
	10,0 cm	Asphalt

Tabelle 3.15 Mindestdicke der Deckschicht und Binder-
        schichten einer vollen Asphaltbetonschicht
              (Asphalt Institute USA, 1964).

DT - Nummer (Design Traffic Number)	Mindestdicke der Deckschicht und Binder- schichten
Leichter Verkehr (= 10) Mittlerer Verkahr (10 - 100) Schwerer Verkehr (= 100)	2,5 cm 4,0 cm 5,0 cm

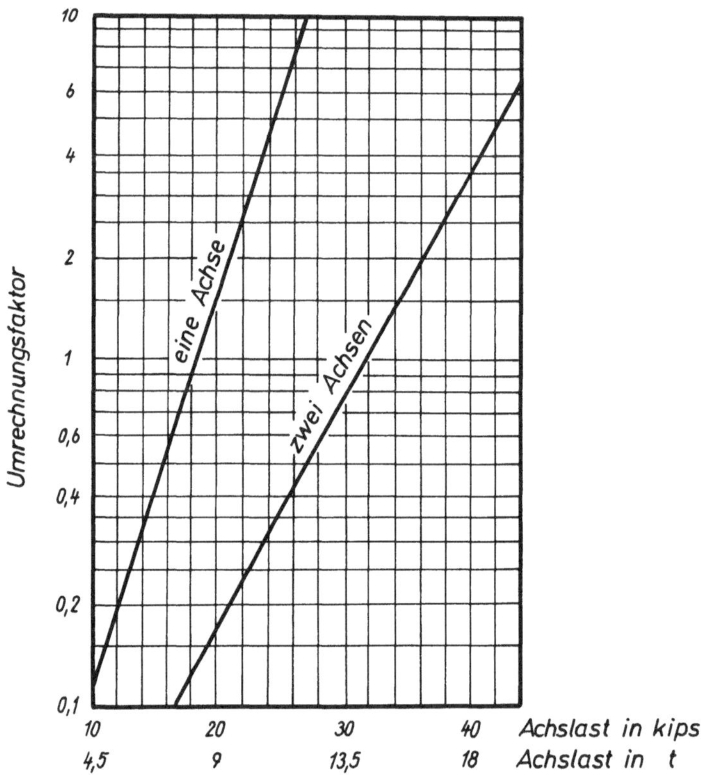

Abb. 3.12 Umrechnungsfaktoren für Achslasten, die
        von der 8-t-Einachslast abweichen.

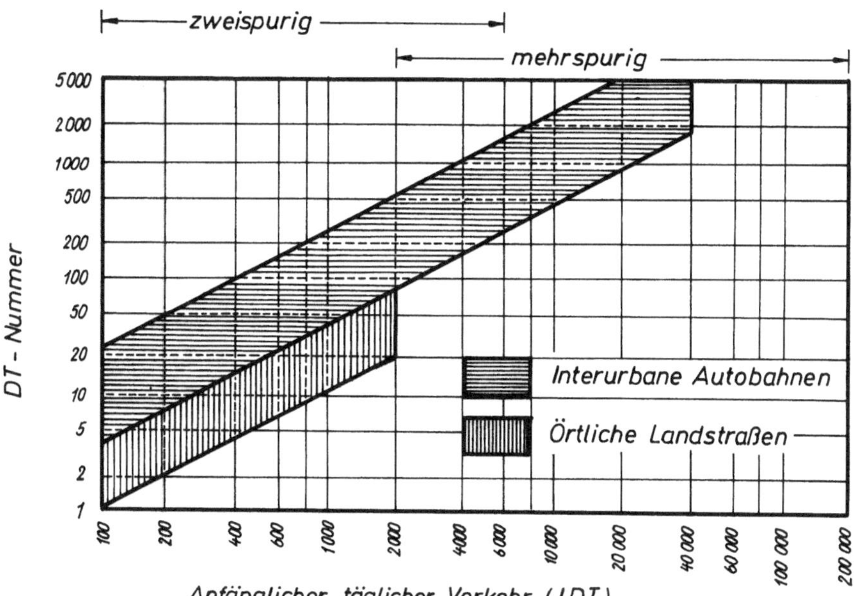

Abb. 3.13 DT-Nummern für interurbane Autobahnen und örtliche Landstraßen.

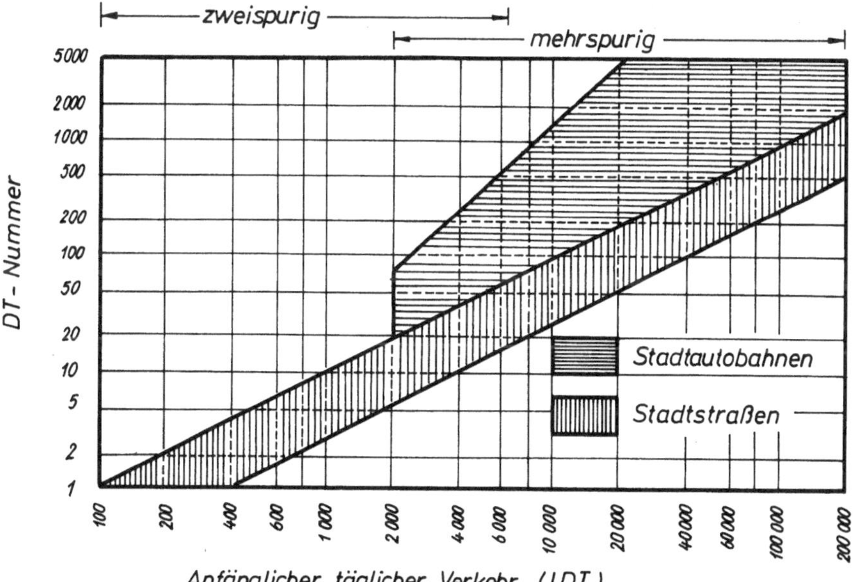

Abb. 3.14 DT-Nummern für Stadtautobahnen und Stadtstraßen.

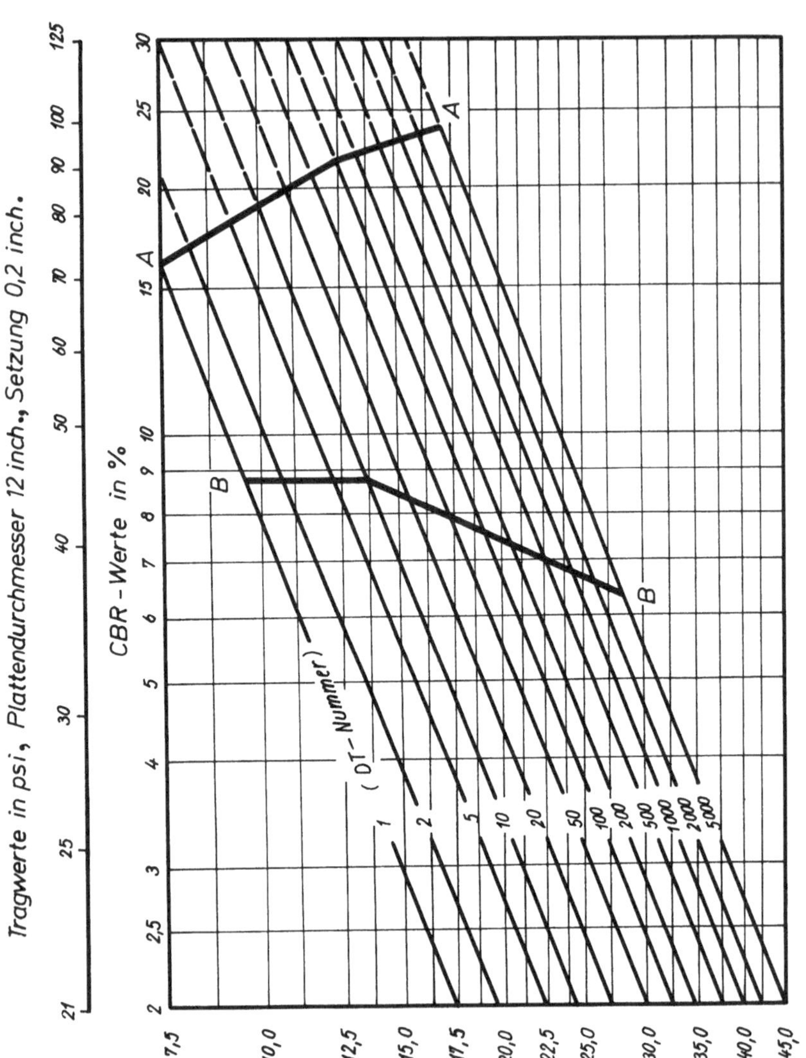

Abb. 3.15   Diagramm zur Bestimmung der Schichtdicke einer einheitlichen Asphaltbetonschicht (Asphalt Institute USA, 1964).

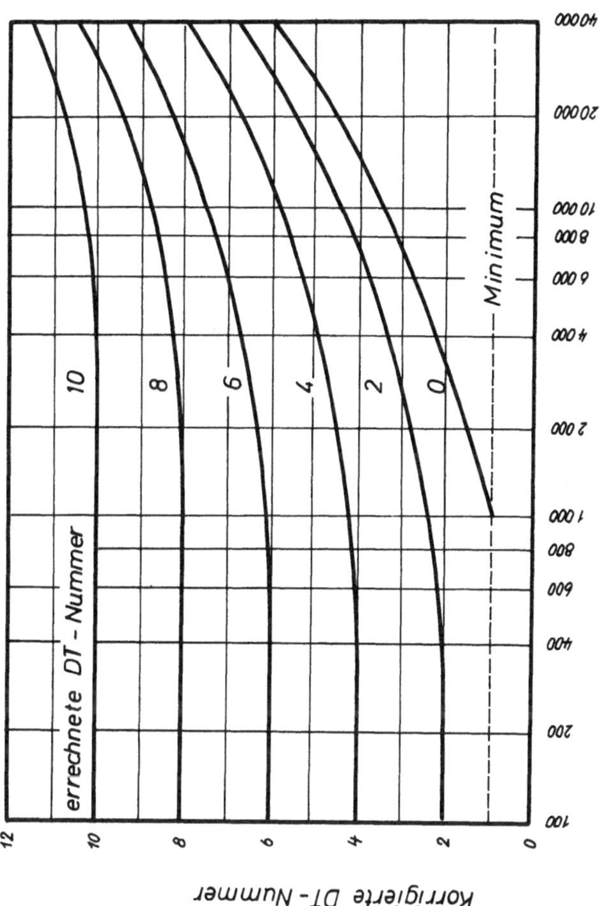

Abb. 3.16 Diagramm zur Korrektur der DT-Nummer, wenn die errechnete DT-Nummer kleiner ist als 10.

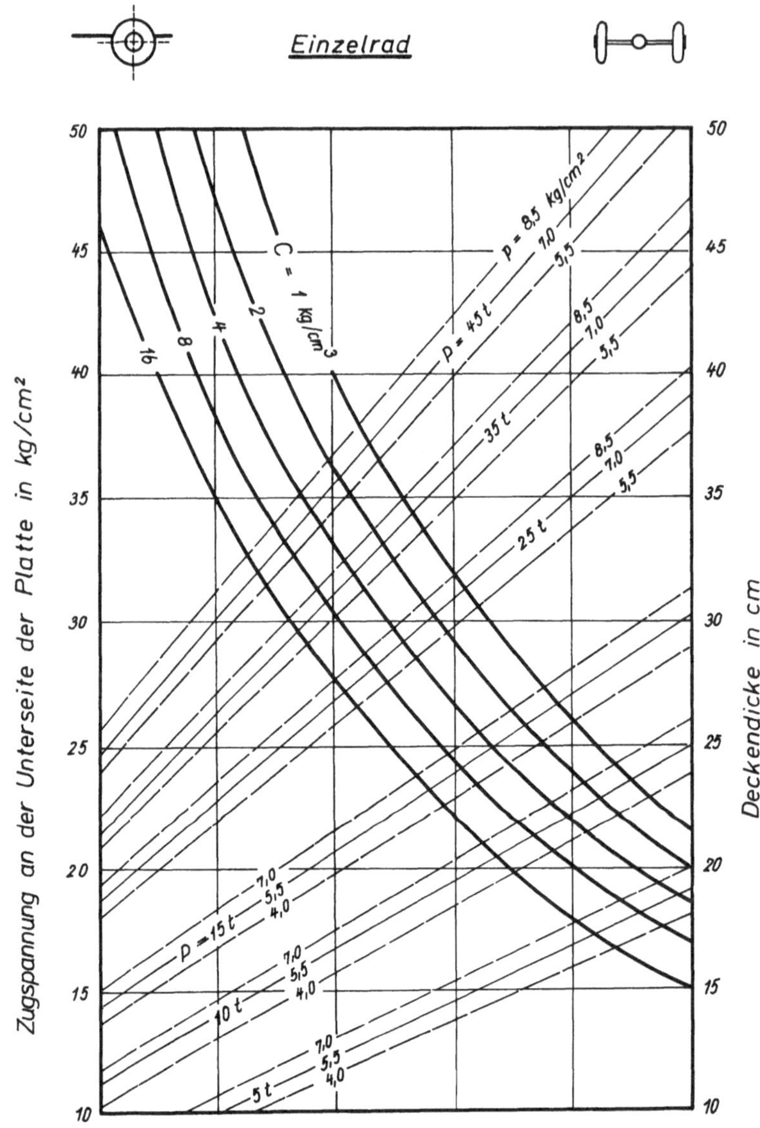

Abb. 3.17   Bemessungstafel für Betondecken nach JELINEK
(Belastung aus einem Einzelrad).

$E = 281\ 000\ \mathrm{kg/cm^2},\ m = 0,15$

p = Reifenaufstandspressung

P = Radlast

R = Radabstand   (bei Doppelrädern)

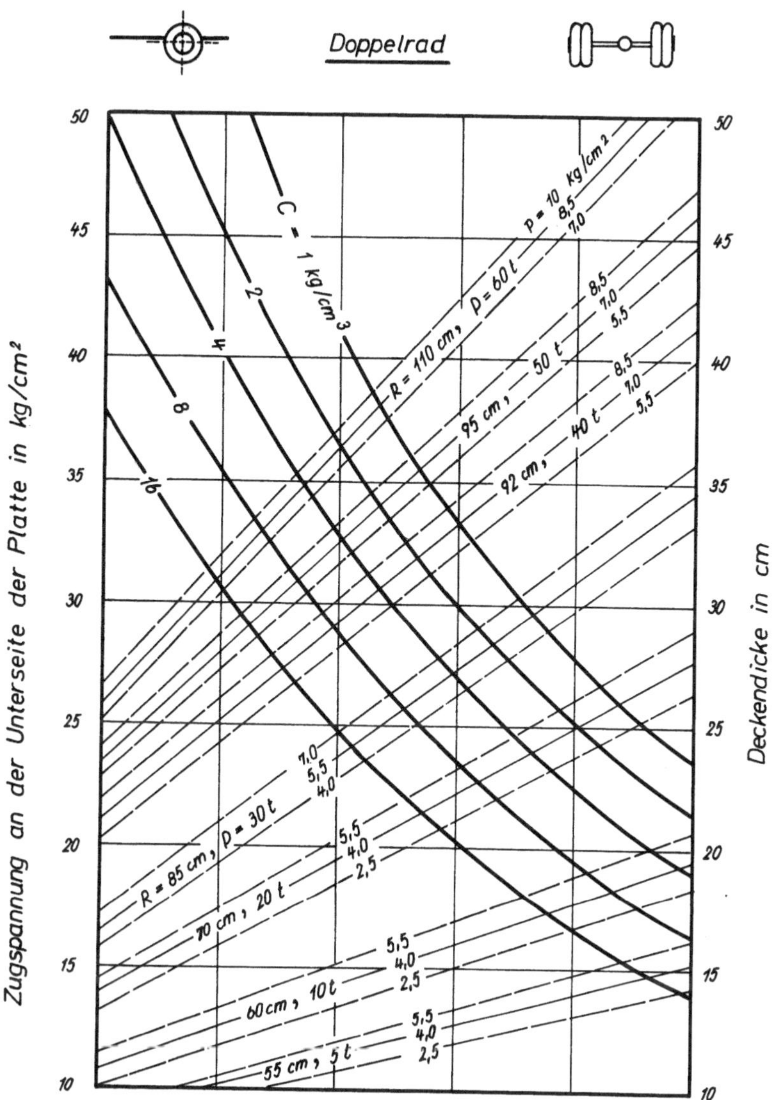

Abb. 3.18 Bemessungstafel für Betondecken nach JELINEK
(Belastung aus einem Doppelrad).

$E = 281\ 000\ kg/cm^2$, $m = 0,15$

p = Reifenaufstandspressung

P = Radlast

R = Radabstand (bei Doppelrädern)

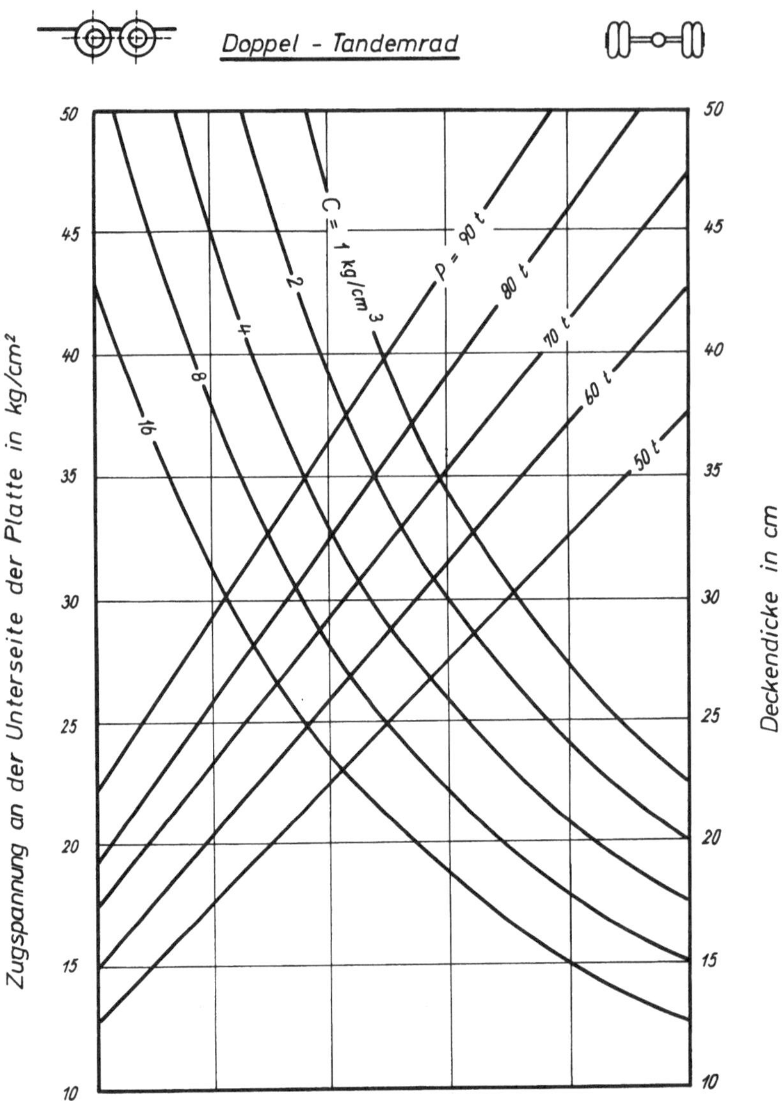

Abb. 3.19 Bemessungstafel für Betondecken nach JELINEK
(Belastung aus einem Doppel-Tandemrad).

$$E = 281\ 000\ \text{kg/cm}^2,\ m = 0,15$$

p = Reifenaufstandspressung

P = Radlast

R = Radabstand = 80 cm

Achsabstand = 158 cm

Radaufstandsfläche = 1710 cm² je Rad

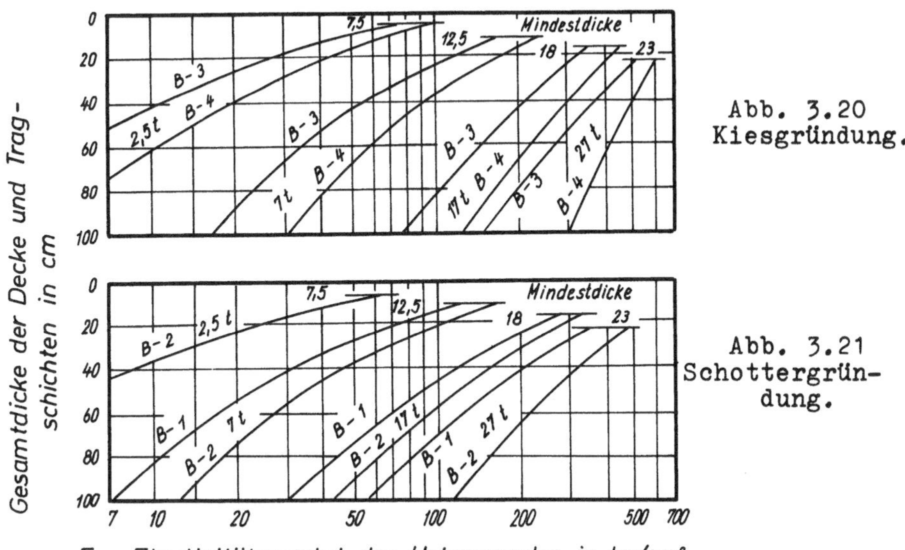

Abb. 3.20
Kiesgründung.

Abb. 3.21
Schottergrün-
dung.

Abb. 3.20 und 3.21   Bemessungstafeln für biegsame
Fahrbahnen nach BURMISTER (1945).

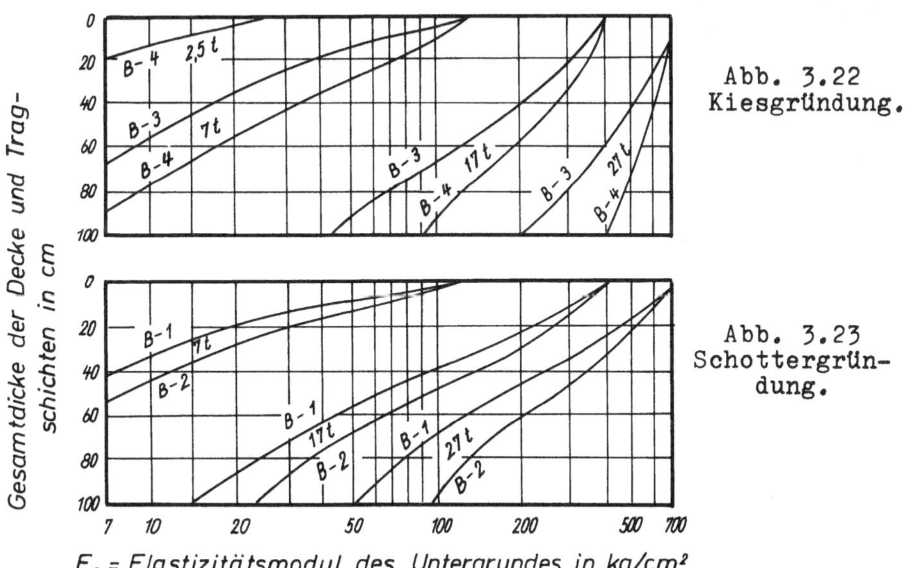

Abb. 3.22
Kiesgründung.

Abb. 3.23
Schottergrün-
dung.

Abb. 3.22 und 3.23   Bemessungstafeln für steife
Fahrbahnen nach BURMISTER (1945).

Tabelle 3.16 Bodenklassifikation für den Flugplatzbau (CAA-Methode).

Gruppe	Siebanalyse (Durchmesser in mm)				Fließgrenze w_f	Plastizitätszahl w_{fa}	Bodenklasse			
		< 2,0 mm					Gute Drainage		Schlechte Drainage	
	$> 2,0$	Grober Sand $< 2,0$ $> 0,25$	Feiner Sand $< 0,25$ $> 0,053$	Schluff und Sand $< 0,053$			Kein Frost	Schwerer Frost	Kein Frost	Schwerer Frost
—	%	%	%	%	%	%	—	—	—	—
E-1	0-45	> 40	< 60	< 15	<25	< 6	Fa R1a	Fa R1a	Fa R1a	Fa R1a
E-2	0-45	> 15	< 85	< 25	<25	< 6	Fa R1a	Fa R1a	F1 R1a	F2 R1a
E-3	0-45	----	----	< 25	<25	< 6	F1 R1a	F1 R1a	F2 R1a	F2 R1a
E-4	0-45	----	----	< 35	<35	<10	F1 R1a	F1 R1a	F2 R1a	F3 R2a
E-5	0-45	----	----	< 45	<40	<15	F1 R1a	F2 R1b	F3 R1b	F4 R2b
E-6	0-55	----	----	> 45	<40	<10	F2 R1a	F3 R2b	F4 R2b	F6 R2b
E-7	0-55	----	----	> 45	<50	10-30	F3 R1b	F4 R2b	F6 R2b	F7 R2c
E-8	0-55	----	----	> 45	<60	15-40	F4 R1b	F6 R2c	F7 R2c	F8 R2d
E-9	0-55	----	----	> 45	>40	<30	F5 R2b	F7 R2c	F7 R2c	F9 R2d
E-10	0-55	----	----	> 45	<70	20-50	F5 R2b	F7 R2c	F8 R2c	F9 R2d
E-11	0-55	----	----	> 45	<80	<30	F6 R2c	F8 R2d	F9 R2d	F10 R2e
E-12	0-55	----	----	> 45	<80	---	F8 R2d	F9 R2e	F10 R2e	F10 R2e
E-13	Schlamm und Torf						unbrauchbar			

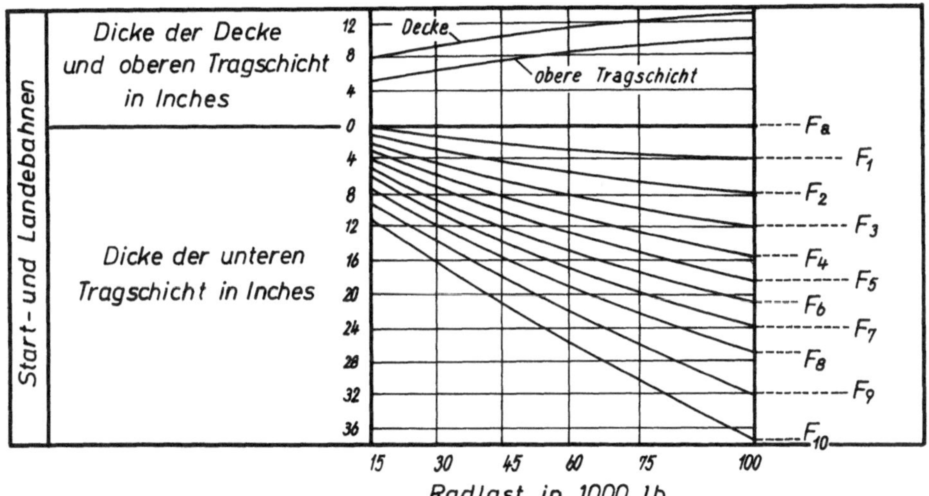

Abb. 3.24 Bemessung von biegsamen Flugpisten nach der CAA-Methode (Start- und Landebahnen). Obere Tragschicht aus nichtbituminösem Material.

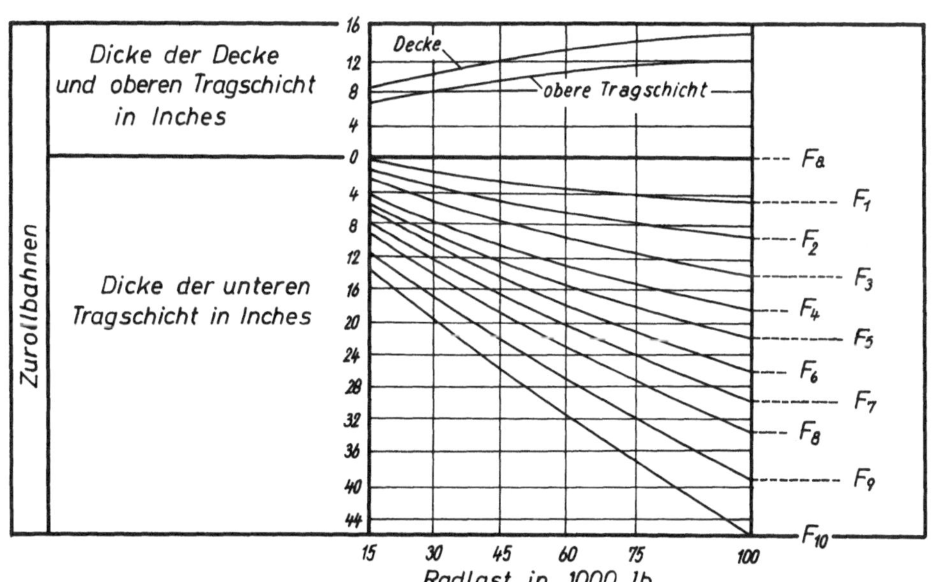

Abb. 3.25 Bemessung von biegsamen Flugpisten nach der CAA-Methode (Zurollbahnen). Obere Tragschicht aus nichtbituminösem Material.

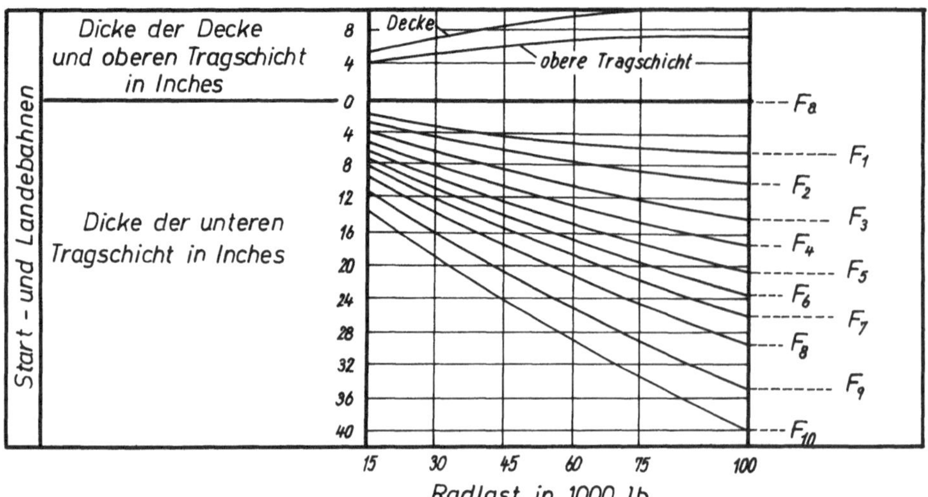

Abb. 3.26 Bemessung von biegsamen Flugpisten nach
der CAA-Methode (Start- und Landebahnen).
Obere Tragschicht aus bituminösem Material.

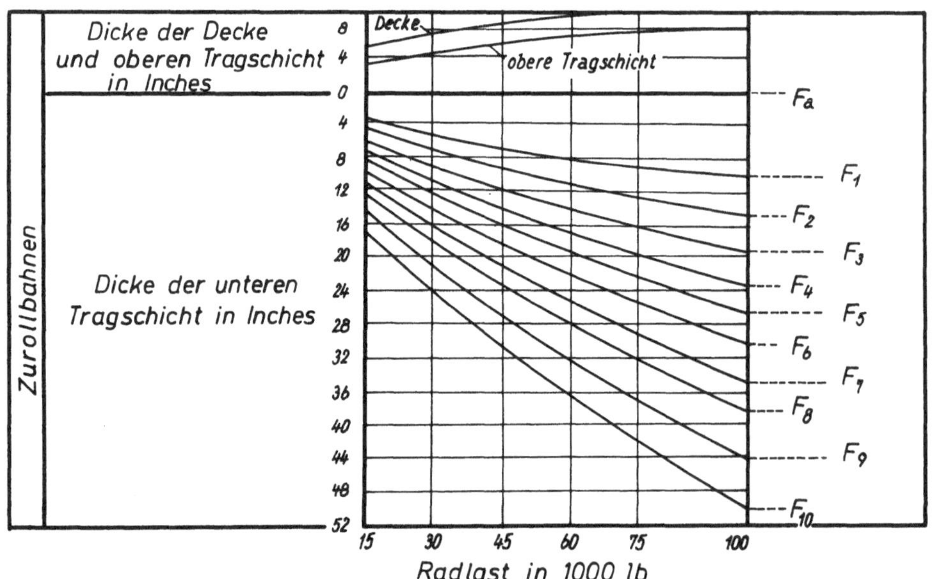

Abb. 3.27 Bemessung von biegsamen Flugpisten nach
der CAA-Methode (Zurollbahnen).
Obere Tragschicht aus bituminösem Material.

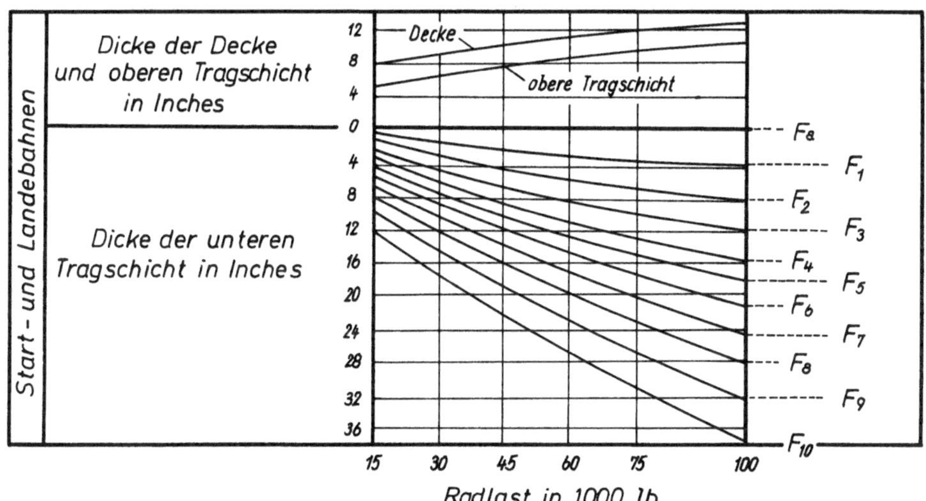

Abb. 3.28 Bemessung von biegsamen Flugpisten nach
der CAA-Methode (Start- und Landebahnen).
Obere Tragschicht aus Tränkmakadam.

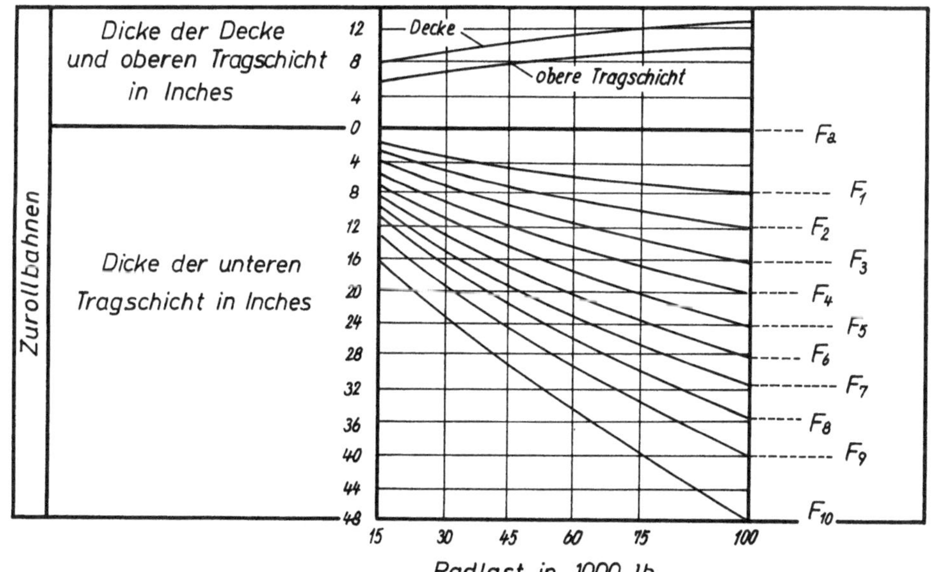

Abb. 3.29 Bemessung von biegsamen Flugpisten nach
der CAA-Methode (Zurollbahnen).
Obere Tragschicht aus Tränkmakadam.

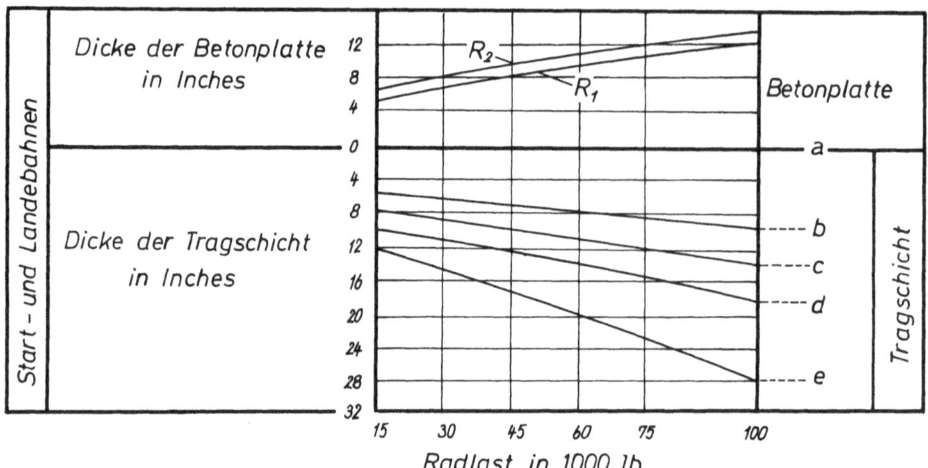

Abb. 3.30 Bemessung von steifen Flugpisten nach
der CAA-Methode (Start- und Landebahnen).

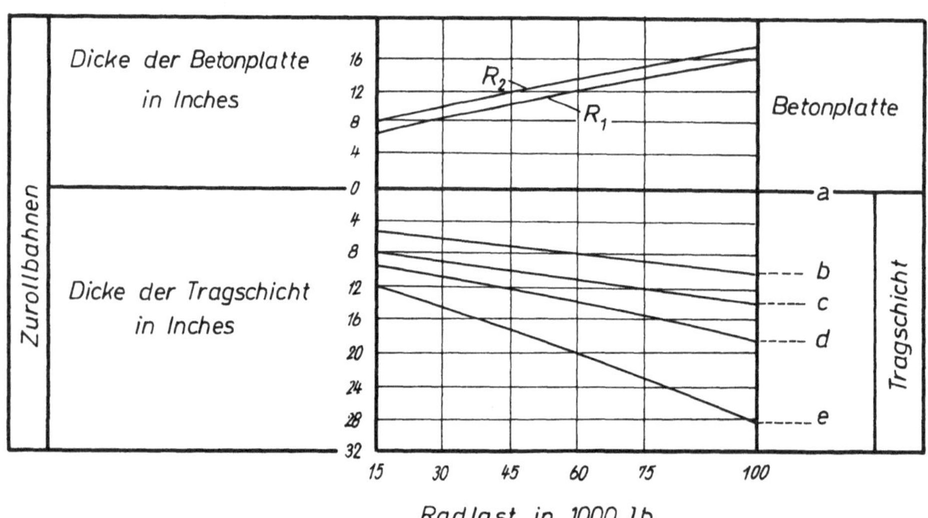

Abb. 3.31 Bemessung von steifen Flugpisten nach
der CAA-Methode (Zurollbahnen).

3.3 Literatur

WESTERGAARD (1927) Stresses in concrete pavements by
    theoretical analysis. Public Roads Washington, Bd. 7,
    S. 25 - 35.

WESTERGAARD (1933) Analytical tools for judging results of
    structural tests of concrete pavements. Public Roads
    Washington, Bd. 14, S. 185 - 188.

TELLER/SUTHERLAND (1942) The structural design of concrete
    pavements, Part 5: An experimental study of Westergaard
    analysis of stress conditions in concrete pavement
    slabs of uniform thickness. Public Roads Washington,
    Bd. 23, S. 167 - 212.

STEELE (1945) Discussion of application of classification
    and group index in estimating desirable subbase and
    total pavement thickness. Proc. Highway Research,
    Bd. 25, Heft 2.

BURMISTER (1945) General theory of stresses and displace-
    ments in layered soil systems. Journ. Appl. Phys. 16.

CALIFORNIA STATE HIGHWAY DEPARTMENT (1945) The CBR-test
    as applied to design of flexible pavements for airports.
    Techn. Memo. Nr. 213 - 221.

McFADDEN/PRINGLE (1948) Evaluation of flexible pavements
    for airfields. Proc. II. Int. Conf. Soil Mech. Found.
    Eng. Rotterdam, Bd. V, S. 172.

LEWIS (1948) Tests on subgrade core samples, as applied
    to the design of road foundations. Proc. II. Int.
    Conf. Soil Mech. Found. Eng. Rotterdam, Bd. II, S. 213.

LEWIS (1948) The investigation of road foundation failures.
    Proc. II. Int. Conf. Soil Mech. Found. Eng.
    Rotterdam, Bd. II, S. 275.

DAVIS (1949) The California bearing ratio method for the
    design of flexible roads and runways. Géotechnique 1,
    S. 249.

KEZDI (1951) Einige Probleme der Spannungsverteilung im
    Boden. Acta Technica, Bd. II, S. 2-4.

COCHRANE (1952) The design of aerodrome pavements. Journ.
    Inst. Eng. Australia 24, S. 129.

JELINEK (1953) Berechnung der Stärke von Betondecken für
    Straßen- und Flugplatzbau. Straße und Autobahn 5,
    S. 1-7.

PELTIER (1953) Considérations géotechniques sur la
    portance des sols routiers. Proc. III. Int. Conf. Soil
    Mech. Found. Eng. Zürich, Bd. III.

McLEOD (1957) Relationship between deflection, settlement
    and elastic deformation for subgrades and flexible
    pavements provided by plate bearing tests at Canadian
    airports. Proc. IV. Int. Conf. Soil Mech. Found. Eng.
    London, Bd. II.

TURNBULL/FOSTER (1958) Effect of tire pressures and lift
    thickness on compaction of soil with rubber-tired
    rollers. ASTM Spec. Techn. Publ. No. 232.

YODER (1959) Principles of pavement design. Wiley & Sons
    New York.

NEUMANN (1959) Der neuzeitliche Straßenbau. Springer-
    Verlag Berlin-Heidelberg-New York.

NOVAIS FERREIRA/CAMPINOS (1961) A mathematical method of
    determining the thickness of flexible pavements, based
    on the CBR. Proc. V. Int. Conf. Soil Mech. Found. Eng.
    Paris, Bd. II.

THE ASPHALT INSTITUTE MANUAL SERIES No. 1 (1964) Thickness
    design. Asphalt pavement structures for highways and
    streets. Maryland.

ASHWORTH (1966) Highway engineering. Heinemann Educational
    Books Ltd. London.

Sachverzeichnis

Willy H. Bölling

Bodenkennziffern und Klassifizierung von Böden

Anwendungsbeispiele und Aufgaben

80 Abbildungen. XI, 192 Seiten. 1971.
Geheftet S 290,–, DM 42,–, US $ 13.10

Bodenkennziffern sind physikalische Größen, die beim Bauen im Boden oder mit dem Boden und auch zur Klassifizierung von Böden benötigt werden. Das Buch zeigt, wie sie im Feld oder im Labor ermittelt und in der Praxis angewendet werden.

Zusammendrückung und Scherfestigkeit von Böden

Anwendungsbeispiele und Aufgaben

103 Abbildungen. X, 194 Seiten. 1971.
Geheftet S 290,–, DM 42,–, US $ 13.10

Der Boden ist ein Baustoff, der sich durch hohe Scherempfindlichkeit und Zusammendrückbarkeit stark von anderen Baustoffen unterscheidet. Das Buch enthält eine Einführung in die theoretischen Grundlagen und gibt zahlreiche Beispiele für die Berechnung und Anwendung in der Praxis.

Sickerströmungen und Spannungen in Böden

Anwendungsbeispiele und Aufgaben

107 Abbildungen. X, 198 Seiten. 1972.
Geheftet S 290,–, DM 42,–, US $ 13.10

Um die Standsicherheit von Grundbauwerken beurteilen zu können, müssen die Spannungen, die Formänderungen und die Bewegung des Wassers im Boden abgeschätzt werden. Das Buch gibt zu dieser Problemstellung eine Einführung in die Theorie und zahlreiche Anwendungsbeispiele.

Setzungen, Standsicherheiten und Tragfähigkeiten von Grundbauwerken

Anwendungsbeispiele und Aufgaben

100 Abbildungen. X, 199 Seiten. 1972.
Geheftet S 290,–, DM 42,–, US $ 13.10

Setzungen, Standsicherheiten und Tragfähigkeiten sind für den Bauingenieur die Kriterien, nach denen er seine Bauten im Boden oder mit dem Boden entwirft. Das Buch enthält die theoretischen Grundlagen und eine reichhaltige Auswahl von Anwendungen in der Praxis.

Bodenmechanik der Stützbauwerke, Straßen und Flugpisten

Anwendungsbeispiele und Aufgaben

91 Abbildungen. X, 184 Seiten. 1972.
Geheftet S 290,–, DM 42,–, US $ 13.10

Springer-Verlag
Wien
New York